卓越农业人才培养

机制创新

高志强　著
官春云

CSK 湖南科学技术出版社

图书在版编目（ＣＩＰ）数据

卓越农业人才培养机制创新 / 高志强，官春云著. — 长沙 ： 湖南科学技术出版社，2019.2
ISBN 978-7-5710-0124-7

Ⅰ．①卓… Ⅱ．①高… ②官… Ⅲ．①农业技术－人才培养－研究－中国 Ⅳ．①S

中国版本图书馆 CIP 数据核字(2019)第 038531 号

ZHUOYUE NONGYE RENCAI PEIYANG JIZHI CHUANGXIN

卓越农业人才培养机制创新

著　　者：高志强　官春云

责任编辑：李　丹

出版发行：湖南科学技术出版社

社　　址：长沙市湘雅路 276 号

印　　刷：湖南农科院印刷厂

（印装质量问题请直接与本厂联系）

厂　　址：长沙市芙蓉区马坡岭省农科院内

邮　　编：410125

版　　次：2019 年 2 月第 1 版

印　　次：2019 年 2 月第 1 次印刷

开　　本：710mm*1000 mm 1/16

印　　张：13.5

字　　数：250000

书　　号：ISBN 978-7-5710-0124-7

定　　价：45.00 元

目 录

前　言

自从农业诞生，农业教育相伴而行，从原始先民的口传心授，到农耕文明的农本思想、劝农制度和经典农书，发展到近代和现代农业教育体系，体现了人类文明进步的脚印，也响应着时代对农业教育的需求。

为了贯彻落实《国家中长期教育改革和发展规划纲要（2010—2020年）》和《国家中长期人才发展规划纲要（2010—2020年）》，2010年6月23日，教育部在天津大学召开"卓越工程师教育培养计划"启动会，联合有关部门和行业协（学）会，共同实施"卓越工程师教育培养计划"；2011年启动"卓越法律人才教育培养计划"，2012年启动"卓越医生教育培养计划"；2013年，教育部、农业部和国家林业局印发《关于推进高等农林教育综合改革的若干意见》，联合启动和共同实施"卓越农林人才教育培养计划"，为生态文明、农业现代化和社会主义新农村建设提供人才支撑、科技贡献和智力支持。

2012年5月，教育部、财政部联合启动实施高等学校创新能力提升计划，是继"211工程""985工程"之后，中国高等教育系统又一项体现国家意志的重大战略举措，"高等学校创新能力提升计划"（即"2011计划"）的核心目标是提升人才、学科、创新三位一体的创新能力，目标提到了"国家急需、世界一流"高度。

2015年8月18日，中央全面深化改革领导小组会议审议通过《统筹推进世界一流大学和一流学科建设总体方案》，对新时期高等教育重点建设做出新部署，将"211工程""985工程""2011计划"及"优势学科创新平台"等重点建设项目，统一纳入世界一流大学和一流学科建设。2017年1月，教育部、财政部、国家发展和改革委员会印发《统筹推进世界一流大学和一流学科建设实施办法（暂行）》，开启"双一流"建设新征程。

为深入贯彻习近平新时代中国特色社会主义思想，全面贯彻落实中共中央、国务院《关于实施乡村振兴战略的意见》，根据《教育部关于加快建设高水平本科教育，全面提高人才培养能力的意见》，2018 年 9 月 17 日，教育部、农业农村部、国家林业和草原局印发《关于加强农科教结合实施卓越农林人才教育培养计划 2.0 的意见》，必将掀起卓越农业人才培养改革的新一轮高潮。

十年树木，百年树人，人才培养是一项复杂的系统工程。湖南农业大学积极开展人才培养研究与实践，2013 年农学专业获批国家级专业综合改革试点项目，2014 年获批"卓越农林人才教育培养计划"植物生产类拔尖创新型、动物生产类复合应用型人才培养改革试点项目，同年牵头建设南方粮油作物国家协同创新中心，经过 6 年的理论探索和改革实践，初步构建了卓越农业人才培养的理论体系和运行模式。作者们全身心投入"卓越农林人才教育培养计划"、南方粮油作物国家协同创新中心和作物学一流学科建设，综合长期的教育教学管理经验、教学研究与改革实践体会，将研究成果和改革实践汇集成本书，以期为卓越农业人才培养改革提供参考。

教育是科学，也是艺术，具有很大的创新空间。5 分钟很长，50 年很短，老年人的总结提炼，既有自己的经验教训和思考凝炼，也有同行们的成果汇聚。信守中庸、尊重事实是科学精神的内核，博采众长、理性升华是科技创新的方法论基础，抛砖引玉、投砾引珠是我们的创作立意和目标。

基金项目：教育部人文社会科学研究专项任务"工程科技人才培养研究"重点项目：植物生产类人才培养改革实践与政策研究（编号：17JDGC005）。

著　者

2019 年 1 月 28 日

第一章 绪 论

农业诞生即伴之以农业教育，原始农业和传统农业时代主要依靠经验传承，推进农业发展和人类文明。当今世界，农业发展高度依赖农业教育体系，在"互联网＋"时代，农业教育在农业发展和农业经济运行中的作用越来越突出。

第一节 中国农业教育概述

一、古代农业教育溯源

（一）农本思想与劝农制度

中国自古以农业立国，农本思想与民族文明进程相伴相随，"劝农"成为古代农业教育的核心制度，自帝王、农官至宗族，构建了基于农本思想和劝农制度的农耕文明核心内涵，奠定了以铁犁牛耕、男耕女织、精耕细作为特征的中国特色传统农业思想基础[1]（图1-1）。

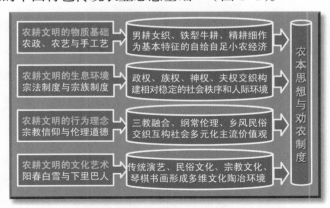

图1-1 农耕文明思想基础：农本思想与劝农制度

言传身教、口传心授是古代农业教育的主要方法，农本思想和劝农制度是中国农耕文明的思想基础，设置农官、奖励农桑是促进农业发展的主要措施，经典农书、官家示范（如皇帝"亲耕"）是推进农业教育的重大策略。与西方国家相比，中国古代农业教育发展较快，并成就了中国特色的传统农业。同时代的欧洲农业主要实行两圃制、三圃制，两圃制盛行于公元九世纪前，耕种一年、休耕一年，通过休耕以养地力；三圃制是在两圃制基础上的改进，将土地均分为三类：春播地、秋播地和休耕地，每年有 1/3 的土地休耕以保地力。以铁犁牛耕、男耕女织、精耕细作为基本特征的中国特色传统农业，利用有机肥和绿肥实现"地力常新壮"，通过间、混、套作和轮作复种提高土地生产力，采用有机肥培肥地力，实现了无污染、无废物的清洁生产（图 1-2）。

图 1-2　传统农业的间作与轮作复种示意图

（二）古代农业教育发展历程

中国古代劳动人民积累了数千年的耕作经验，留下了丰富的农业文化遗产，同时演绎着中国古代农业教育的渐进式发展历程，从原始先民的经验传承，到先秦诸子百家著作中的农学篇章，以及其后的经典农书，都是在总结广大劳动人民经验的基础上不断发展的。中国古代的统治阶级深知农业发展是"立国之本，强国之策"，形成了以农本思想和劝农制度的宏观导向体系。

农业教育的对象主要是农民，他们将耕种经验传承给下一代，代代相传形成渐进式发展，农谚、歌谣和神话故事等是农业教育的口传心授形式，是古代劳动人民的智慧结晶；编印农学著作是较高层次的农业教育，《氾胜之书》《齐民要术》《王祯农书》《农政全书》是中国古代四大农书，是古代农学家在总结劳动人民经验的基础上，直接参与农业生产过程，把自己的农业研究成果编撰成书，然后以此教民种植。重农、劝农、设官教民是古代农业教育的表现形式。

（1）萌芽阶段（新石器时代至先秦时期）。人类始祖采集植物、捕杀动物充饥，经历了手足分工、直立行走、使用和制造简单工具的漫长进化过程后进入新石器时代，这一进化过程孕育着农业的诞生，催生了原始农业。大约在11700年前，地球进入全新世，人类文明进入新石器时代，原始先民开始种植作物、养殖动物，这就标志着农业的诞生，也是人类文明的实际起点（表1–1）。在新石器时代，随着氏族公社的形成，人们开始定居生活且开始学会使用简单农具进行集体耕种，农耕文明也由此起步，人们通过口头传授形式将农耕经验传给下一代，农业教育就这样产生了。春秋战国时期，中国教育百花齐放、百家争鸣，官学与私学并存，农业教育在这一时期得到了很大的提升，形成了学校教育与经验传承并存局面。从上古时代的农业教育家神农、后稷，到春秋战国时期的《商君书》和先秦时期的《吕氏春秋》等农业著作的问世，显示农业教育具有强大的内需驱动力，并催生古代农业教育。

表1–1 人类最早驯化的作物和畜禽

作物种类	距今时间	主要地点	畜禽种类	距今时间	主要地点
水稻	10000 年	中国、印度	狗	35000 年	欧亚大陆
马铃薯	8000 年	南美洲	羊	10000 年	西亚
小麦	9000 年	西亚、中国	猪	7500 年	中国
粟	8000 年	中国	牛	6000 年	西南亚
棉花	6000 年	印度	马	5000 年	中亚
大豆	5000 年	中国	鸡	4500 年	中国
玉米	4000 年	中美洲	鹅	4300 年	埃及
烟草	3000 年	中南美洲	鸭	3000 年	东南亚

（2）形成阶段（西汉东汉时期）。西汉初期，由于长年的战争使经济破坏严重、百姓生活苦不堪言。为了巩固新政，汉高祖刘邦推行"休养生息"政策，奖励农耕，为农业教育的形成奠定了基础。农业教育内容包括农本思想与劝农制度、农业哲理教育、农业科技教育等，在这一时期还出现了农业推广教育的政府官员。赵过（公元前140—前87），西汉农学家。《汉书·食货志》中记载汉武帝南征北战，大兴土木，疏于农业，以致国库空虚，朝野不妥，于是武帝悔征伐之事，提出"方今之务，在于力农"，因而任命赵过为搜粟都尉，并使赵过推广代田法。代田法是赵过总结西北地区的抗旱经验所推广的一种耕作方法：在地里开沟作垄，沟垄相间，将作物种在沟里，中耕除草时，将垄上的土逐次推到沟里，培育作物；第二年，沟垄互换位置。这种耕作方法有利于保持地力，抗御风、旱。因此，"一岁之收，常过缦田亩一斛以上，善者倍之"（《汉书·食货志》）。此外，赵过还设计和制作了新型配套农具，如"三犁共一牛"的三脚耧，推进了铁犁牛耕技术的发展。

氾胜之，生卒年不详，大约生活在公元前1世纪的西汉末期，西汉农学家，汉成帝时任议郎、劝农使者。曾在三辅教民种田，后迁御史。他总结黄河流域的农业生产经验，创造了精耕细作的区田法，另还有溲种法、穗选法、嫁接法等。所著《氾胜之书》共2卷18篇，是中国最早的农学著作。中国劳动人民积累了数千年的耕作经验，留下了丰富的农学著作。先秦诸书中多含有农学篇章，《氾胜之书》总结了当时黄河流域劳动人民的农业生产经验，记述了耕作原则和作物栽培技术，对促进中国农业发展产生了深远影响。

《资治通鉴》有语："农，天下之大本也，民所恃以生也；而民或不务本而事末，故生不遂。"历朝历代的封建统治者在施政方针上都以重农思想为指导，注重农业政策的稳定，客观上促进了农业教育的发展，并逐步形成了相对健全的农业制度、农业税赋政策与土地管理制度。

（3）发展阶段（魏晋南北朝隋唐时期）。在这一时期，农业教育内容越来越多样，农业教育渐渐趋于专业化，对农业科学技术教育的推广越来越重视。唐代在太仆寺出现过官方举办的兽医学校，它的出现标志着古代农业教育进入正规化发展阶段。

贾思勰，北魏益都（今属山东青州）人，生平不详，曾任高阳郡（今山东临淄）太守，是古代杰出农学家，于武定二年（544年）著成综合性农书《齐民要术》。该书系统地总结了秦汉以来我国黄河流域的农业生产知识和经验，是我国现存最早和最完善的农学著作，也是世界农学史上最早的名著之一，对后世的农业生产有着深远的影响。该著作由耕田、谷物、蔬菜、果树、树木、畜产、酿造、调味、调理、外国物产等各章构成，是中国现存最早的、最完整的大型农业百科全书。

韩鄂，唐末五代时人，籍贯、生卒年不详，古代农学家，著有《四时纂要》，原书已佚失，1960年在日本发现了明万历十八年（1590）朝鲜重刻本，按四季十二个月列举农家应做事项的月令式农家杂录，书中资料主要来自《齐民要术》，少数则来自《氾胜之书》《四民月令》《山居要术》等及一部分医方书籍，也有韩鄂自己的经验总结。全书5卷，42000余字。内容除去占候、祈禳、禁忌等外，可分为农业生产、农副产品加工和制造、医药卫生、器物修造和保藏、商业经营、教育文化六大类。农业生产是本书的主体，包括农、林、牧、副、渔，以粮食、蔬菜生产为重点。

（4）完善阶段（宋元明清时期）。由于宋元明清建立了相对统一的政权，社会政治和生活环境相对安定，为农业教育的完善提供了有利的条件。主要表现在农书著作数量明显增多，农业生产经营技术多样化，地方农业教育发展较快。

陈旉（1076—1156），南宋农学家，所著《陈旉农书》是论述南方农事的综合性农书，详细总结了我国南方农民种植水稻以及养蚕、栽桑、养牛等生产技术的丰富经验，并且指出通过合理施肥改良土壤，可使地力"常新壮"。

《农桑辑要》是元朝司农司编撰的农学著作，因系官修，不提撰者姓名，但据元刊本及各种史籍记载，孟祺、畅师文和苗好谦等曾参与编撰或修订、补充。成书于至元十年（1273），其时元已灭金，尚未并宋，正值黄河流域多年战乱、生产凋敝之际，此书编成后颁发各地作为指导农业生产之用。全书 7 卷，包括典训、耕垦、播种、栽桑、养蚕、瓜菜、果实、竹木、药草、孳畜等 10 部分，分别叙述我国古代有关农业的传统习惯和重农言论，以及各种作物的栽培，家畜、家禽的饲养等技术。

王祯（1271—1368），元代东平（今山东东平）人，古代农学家、农业机械学家。元成宗时曾任宣州旌德县（今安徽旌德县）尹、信州永丰县（今江西广丰县）尹。为官期间生活俭朴，捐俸给地方上兴办学校、修建桥梁道路、施舍医药，为当地百姓做了不少好事。王祯于 1313 年著成《王祯农书》，全书分农桑通诀、百谷谱、农器图谱三大部分，兼论中国北方农业技术和中国南方农业技术，在前人著作基础上，第一次较全面系统地构建了农业生产知识体系，在中国古代农学遗产中占有重要地位。

徐光启（1562—1633），上海县法华汇（今上海市）人，明代著名科学家、政治家，官至崇祯朝礼部尚书兼文渊阁大学士、内阁次辅。译有《几何原本》《泰西水法》等西学文稿，1627 年完成其农学著作《农政全书》，1639 年刻板付梓。该书囊括了明代农业生产和人民生活的各个方面，贯穿了徐光启治国治民的"农政"思想，按内容分为农政措施和农业技术两部分，前者是全书的纲，后者是实现纲领的技术措施。书中有开垦、水利、荒政等不同寻常的内容，并且占了将近一半的篇幅，这是其他的大型农书所鲜见的，在屯田军垦、农田水利、备荒救灾方面的论述更是令时人耳目一新。其中荒政作为一目，有 18 卷之多，对历代备荒的议论、政策作了综述，水旱虫灾作了统计，救灾措施及其利弊作了分析，最后附草木野菜可资充饥的植物 414 种。《农政全书》是中国古代经典农书的集大成者。

《授时通考》是清代官修的综合性农书，乾隆二年（1737）奉敕撰，乾隆七年（1742）进呈钦定，御制序文颁行。

二、近代农业教育发展

自 1840 年鸦片战争爆发后，清朝的统治者开始从"天朝上国"的美梦中初醒，西方列强凭借军事优势进行肆意无情的抢夺，导致民不聊生，人民生活苦不堪言。在坚船利炮轰炸下，一些有志之士开始寻求变法之策，希望"师夷长技以制夷"，从维新变法到新中国成立的 50 多年的时间里，农业教育伴随着中国社会政治、经济、科学技术等变革而发生了重大的转型，进入近代农业教育发展历史阶段。近代农业教育的兴起与发展同中国近代的历史事件有着紧密的关联，大致可以分为四个时期：

（1）维新时期（1898—1911）。光绪二十三年（1897 年）8 月，杭州知府林启在西子湖畔金沙港关帝庙和怡贤王祠附近创办杭州蚕学馆，揭开了近代纺织和农业教育的帷幕。1902 年，清政府在保定设立直隶农务学堂，1904 年改名直隶农业高等学堂，开了中国高等农业教育先河。

（2）民国初期（1912—1923）。辛亥革命取得胜利，民主主义逐渐深入民心，近代教育得以迅速发展。在此期间，颁布了"壬子癸丑学制"和"壬戌学制"。"壬子癸丑学制"中将学堂改为学校，且农业专门学校分为 5 科：农学科、林学科、兽医学科、水产学科，在殖民垦荒之地兼论土木工程科[2]。"壬戌学制"中，农业学校又分为农业职业学校和农业大学，明确各级学校具有不同的农业人才培养目标。农业教育模式由效仿日本转向美国，农业教育、科研、生产一体化的办学体制也正式引入中国。标志着农业教育的学科体系基本形成，近代农业教育进入快速发展阶段。

（3）抗日战争前期（1924—1936）。国外留学的中国学子陆续归国，教育领域倡导学术氛围和学术自由，农业教育规模不断扩大，学科层次不断细化，教学形式呈现多样化，教育与国际合作交流越来越密切。既有教会大学农林学科，国内大学农林学科也不断完善，农业教育逐渐与社会发展、农民生活紧密联系，使中国近代农业教育进入全面发展阶段。

（4）民国后期（1937—1949）。由于抗日战争及其后全国性内战的影响，这段时期的教育发展基本停滞甚至受到不同程度的破坏，农业教育发展缓慢。

三、当代农业教育现状

（一）新中国成立后农业教育发展历程

（1）效仿苏联模式的农业教育发展阶段（1949—1957）。新中国成立后实行"一边倒"政策，全面学习苏联的教育模式。通过翻译苏联的教育著作和教材，聘请苏联专家担任教育部顾问和教师，按照苏联教育模式建立新型学校，派遣留学生到苏联学习等[3]，全盘吸纳苏联教育模式。其中，1952—1953 年对全国高等学校进行大规模的院系调整，把综合性大学的农林学院、系、科、组，按地区组合成独立的农林学院，加快培养农业领域急需的农业人才。在此期间，中国农业教育为当时农业发展和农业经济建设培养了一大批专业人才，但由于与我国实际国情结合不够，对旧学校合理部分全盘否定，造成我国教育体系过分统一化。

（2）"多快好省"经济方针下的农业教育发展阶段（1958—1965）。随着国民经济建设进入第二个五年计划时期，"反右"思潮使中国发展步入"左倾"路线。1958 年中央提出"多快好省"的经济方针，教育领域过分强调数量和速度方面的发展，导致 1958—1960 年间农业学校和学生数量超出国家经济与学校的承受范围，教学质量严重下降，直到 1965 年才慢慢好转。这期间由于中国与苏联关系破裂，中国农业教育发展可谓是对外孤立无助，对内方向失误，农业教育发展遭受着大起大落的挫败。

（3）"文化大革命"期间的农业教育低谷（1966—1976）。1966 年开始的"文化大革命"，教育领域首当其冲，各大专院校停课闹革命，导致许多农业学者和学生遭批斗、下乡，酿成一些冤假错案，农业教育发展陷入低谷。这段时期不仅是农业教育的干涸期，而且是教育史上发展的倒退期；不仅是人才培养的"断裂"阶段，而且是误导一代人的阶段。在此期间，基于"教育要革命，学制要缩短"思想，中等农业专业教育得到较快发展，全国各地市基本上都创办了一所中等农业专业学校，培养中等农业专业人才。

（4）农业教育拨乱反正深化改革阶段（1977—1994）。改革开放以后，在经济、政治、文化、科技等领域渐渐与世界各国建立了往来，国内对教育也越来越重视。十一届三中全会后，国家开始真正重视教育、尊重知识、尊重人才；党的十二大会议中，教育被列为经济建设的战略重点之一；党的十四大会议中，明确教育摆在优先发展的地位。在农业教育领域，随着改革开放后，农业教育国际合作交流日益广泛，农业留学生、外籍农业专家教授增多，国际合作项目也不断增加。农业教育领域逐步发展为层级明晰的中等农业教育体系（包括农业职业中学、中等农业专业学校等）和高等农业教育体系（农林类职业技术学院、农林大学、综合性大学农林学院），学历层次包括中职（高中阶段学历）、高职（大学专科）、大学本科、硕士研究生、博士研究生，不少农林大学和科研机构还设置了博士后科研流动站。农林院校的教学体系、课程体系、管理机制、保障机制、环境建设等也不断深化变革。

（5）跨越式发展和全面完善阶段（1995—）。1995年中央政府明确提出"科教兴国"战略，科技发展、教育发展、人才培养提高到同一水平。世纪之交的中国高校扩招，使中国高等教育事业在数量上又一次呈现跨越式发展，2002年进入高等教育大众化阶段，2017年高等教育毛入学率达到45.7%（图1-3）。2007年开始，中国高等教育领域开始从数量扩张向内涵式发展转变，教学研究和教学改革成为高等教育领域的热门话题。在此期间，1995年启动"211工程"，1998年启动"985工程"，2013年开始实施"2011计划"，2017年开始全面推进世界一流大学和一流学科建设，农业教育也积极参与并广泛受益。

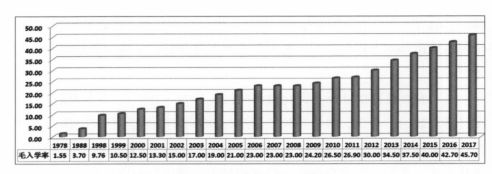

图 1-3 历年高等教育毛入学率（单位：%）

（数据来源：据历年教育部门户网站公布数据整理）

（二）中国农业教育现状分析

（1）中国农业教育总体水平相对较高。19 世纪末 20 世纪初起步的近代中国高等教育，农科类教育成为重要的实业救国内容；1952—1953 年间的"院系调整"，组建了一批农科类专门学院（农学院），奠定了高等农业教育的基础；20 世纪 70 年代发展起来的中等农业专业学校和 20 世纪 80 年代迅速发展的农业职业教育，构建了中国特色的农业职业教育体系。目前，中国农业教育形成了中专层次的中等农业职业教育（含农业类职业高中）、大学专科层次的农业职业教育（职业技术学院）和高等农业教育（本科阶段教育和研究生教育）的完整体系，为培养不同层次的多样化农业人才奠定了基础。

中国高等农业教育起步较晚，百余年发展历程中取得了巨大的成绩，跻身全球农业教育强国行列，基本奠定了"互联网＋"现代农业的智力资源支撑基础。2018 年农林院校进入 1% 全球 ESI 排名（Essential Science Indicators）的学科数如下：中国农业大学 10 个学科，中国海洋大学 9 个学科，南京农业大学 7 个学科，华中农业大学 7 个学科，西北农林科技大学 6 个学科，北京林业大学 5 个学科，东北林业大学 4 个学科，华南农业大学 3 个学科，山东农业大学、四川农业大学、东北农业大学、湖南农业大学、福建农林大学、浙江农林大学、青岛农业大学、河南农业大学均有

2 个学科进入 1% 全球 ESI 排名，还有多所农林院校有 1 个学科进入 1% 全球 ESI 排名，不少综合性大学（如浙江大学）进入 1% 全球 ESI 排名的学科中包含农林类学科，表明中国高等农业教育总体水平较高。

（2）农业教育发展速度相对缓慢。近 20 年来中国高等教育呈现跨越式发展格局，但高等农业教育的发展情况并没有跟上时代的步伐。从教育部历年教育统计数据来看，20 年间高校招生规模扩张 10 倍（1995 年招收本科生 38.1 万人，2016 年 405.4 万人），但农学学科普通本科招生人数仅增加 1.25 倍，与农业大国的发展需求极不相称（图 1-4）。

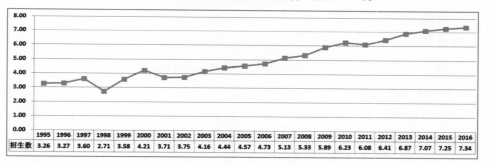

	1995	1996	1997	1998	1999	2000	2001	2002	2003	2004	2005	2006	2007	2008	2009	2010	2011	2012	2013	2014	2015	2016
招生数	3.26	3.27	3.60	2.71	3.58	4.21	3.71	3.75	4.16	4.44	4.57	4.73	5.13	5.33	5.89	6.23	6.08	6.41	6.87	7.07	7.25	7.34

图 1-4　1995—2016 年间全国农学学科本科学生招生数（单位：万人）

（数据来源：据历年教育部门户网站公布数据整理）

（3）农业教育国际化趋势。进入 21 世纪，经济全球化带来教育的国际化，农业教育作为中国教育事业的重要组分，国际化进程步伐也不断加快。主要表现在农业教育的课程体系和教学内容与国际接轨、教学科研人员的国际交流日益频繁、国际教育技术援助、招收留学生和派出优秀学生出国留学、农业国际合作项目不断增加等方面。

（4）农业教育开放化、综合化、多元化。改革开放后，我国农业教育由封闭的、单科性的行业办学转向开放化、综合化、多元化办学，激活了教育机构的内源活力。从农业教育的纵向看，有中等农业教育、大学专科农业教育、大学本科农业教育、硕士层次研究生教育、博士层次研究生教育，还有多种形式的成人农业教育。在高等教育领域，不仅有教育部直属农业高校、综合大学下设的农学院，而且有省部共建农业高校、地方政府举办的高等农林院校，构成了中国农业教育特色资源。

第二节　卓越农业人才培养改革背景

一、卓越农林人才教育培养计划

根据《国家中长期教育改革和发展规划纲要（2010—2020 年）》，2013 年教育部、农业部、国家林业局印发《关于推进高等农林教育综合改革的若干意见》，全面启动"卓越农林人才教育培养计划"。

（一）指导思想

坚持科学发展，坚持为"三农"服务的改革方向，坚持"改革创新、突出特色、强化实践、分类指导、统筹推进"的基本原则，按照"以人为本，德育为先，能力为重，全面发展"的总体要求，深化农林教育教学改革，为生态文明、农业现代化和社会主义新农村建设提供人才支撑、科技贡献和智力支持。

（二）总体目标

创新体制机制，办好一批涉农学科专业，着力提升高等农林教育为农输送人才和服务能力，形成多层次、多类型、多样化的具有中国特色的高等农林教育人才培养体系；着力推进人才培养模式改革创新，开展拔尖创新型、复合应用型、实用技能型 200 个人才培养模式改革试点项目，形成一批示范性改革实践成果；着力强化实践教学，建设 500 个农科教合作人才培养基地；着力加强教师队伍建设，遴选聘用 1000 名左右"双师型"教师，全面提高高等农林教育人才培养质量。

（三）试点类别

（1）拔尖创新型农林人才培养模式改革试点。开展国家农林教学与科研人才培养改革试点，改革招生方式，招收和选拔优秀学生；改革人才培养模式，推动本科教育与研究生教育的有效衔接，实施导师制，探索小班化、个性化、国际化教学；改革教学组织方式，突出因材施教；改革教学方法，积极探索多种形式的研究型教学方式，培养学生的创新思维和创新能力，促进优秀学生脱颖而出。依托国家级研发平台，强化学生的科研训练，支持学生积极参与农林业科技创新活动，提高学生的科技素质和科研能力；积极引进国外优秀教育资源，加强双语教学，支持学生积极参与国际交流与合作，开拓学生的国际视野，提升学生参与国际农林业科技交流合作能力。改革课程、学业评价考核方法，建立健全有利于拔尖创新型农林人才培养的质量评价体系。

（2）复合应用型农林人才培养模式改革试点。优化人才培养方案，构建适应农业现代化和社会主义新农村建设需要的复合应用型农林人才培养体系。利用生物、信息等领域的科技新成果，提升改造传统农林专业；改革实践教学内容，强化实践教学环节，提高学生综合实践能力；改善教师队伍结构，设立"双师型"教师岗位，遴选聘用1000名左右的"双师型"教师；促进农科教合作、产学研结合，建设500个农科教合作人才培养基地，探索高等农林院校与农林科研机构、企业、用人单位等联合培养人才的新途径；鼓励学生参与农林科技活动，提高学生解决实际问题的能力，加强学生创业教育，建立健全有利于复合应用型卓越农林人才培养的质量评价体系。

（3）实用技能型农林人才教育培养模式改革试点。深化面向农林基层的教育教学改革。完善招生办法，鼓励有条件的地方开展订单定向免费教育，吸引一批热爱农林业的优质生源。根据农林业基层对实用技能型人才的需求，改革教学内容和课程体系，加强实践教学平台和技能实训基地建设，建立健全与现代农林业产业发展相适应的现代化实践技能培训体系；按照农林生产规律，探索"先顶岗实习，后回校学习"的教学方式，提高学生的技术开发能力和技术服务能力；改革课程、学业评价考核方法，建立健全有利于实用技能型农林人才培养的质量评价体系。

（四）卓越农林人才教育培养计划 2.0

为深入贯彻习近平新时代中国特色社会主义思想，全面贯彻落实中共中央、国务院《关于实施乡村振兴战略的意见》，根据《教育部关于加快建设高水平本科教育，全面提高人才培养能力的意见》，2018 年 9 月 17 日，教育部、农业农村部、国家林业和草原局印发《关于加强农科教结合实施卓越农林人才教育培养计划 2.0 的意见》，必将掀起卓越农业人才培养改革的新一轮高潮。

（五）湖南农业大学的实施情况

湖南农业大学申报的植物生产类专业拔尖创新型人才培养和动物生产类复合应用型人才培养均获得教育部立项。其中，植物生产类专业拔尖创新型人才培养改革试点专业包括农学专业、植物保护专业、园艺专业、茶学专业，动物生产类复合应用型人才培养改革试点专业包括动物科学专业、动物医学专业、动物药学专业和水产养殖专业。

（1）卓越农林人才教育培养模式改革的实施策略。卓越农林人才教育培养计划分三类，每一类都必须具有针对性的特色资源，必须进行科学的顶层设计，构建合理的进入退出机制，制订相应的保障措施，全面体现人才培养方案和课程体系改革、人才培养过程改革和质量评价体系改革，切实保证卓越农林人才教育培养计划的顺利实施，提高人才培养质量（图 1-5）。

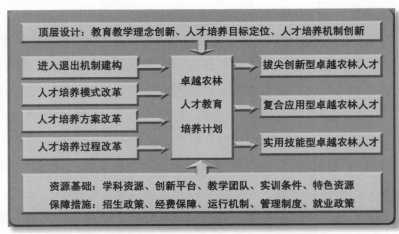

图 1-5　卓越农林人才培养模式改革试点的运行模式

（2）植物生产类拔尖创新型卓越农林人才培养。①学科资源：作物栽培学与耕作学国家级特色学科，作物学、植物保护、园艺学3个一级学科博士学位授权点，具有7个相关的国家级研究机构、3个国家级实验室、9个中央与地方共建实验室。2013年科研经费近7000万元。②特色资源：一个国家"2011"协同创新中心、二个省级协同创新中心、五个国家级农科教合作人才培养基地、三个国家级特色专业、二门国家级精品课程。③运行机制：采用"3+X"培养模式，探索本－硕连续培养机制，实施全程导师制，开展小班化、个性化、国际化教学改革实践，探索网络平台课程资源建设和翻转课程教学改革，强化科研实践训练，提高学生创新意识、创新思维和实际创新能力，全面体现拔尖创新型人才培养的目标要求。

（3）动物生产类复合应用型卓越农林人才培养。①专业品牌：动物科学为国家一类特色专业，动物医学、水产养殖均为湖南省重点专业和特色专业。②实训条件：拥有专业实验教学用房面积12800平方米，5万元以上大型仪器设备116台(套)，仪器设备总价值近5000余万元。有国家级实践教学示范中心1个、国家级农科教合作人才培养基地1个(长沙生猪)、校内实训基地6个、省部级示范实验室2个、省部级创新平台6个，有17家相关企业为动物生产类专业学生提供了专项奖学金，为动物生产类复合应用型人才培养提供了坚实的物质基础。③培养机制：实施"2+1+1"人才培养模式，前2年主要实施课程教学，第三年强化实践教学环节训练和技能培养，第四年进入相关企业开展分阶段顶岗实习；实行双导师制，校内导师全程关注学生的学业辅导、心理疏导和生活指导等，企业导师指导学生的社会融入和职业发展。

二、高等学校创新能力提升计划

高等学校创新能力提升计划也称"2011计划"，是继"211工程""985工程"之后，中国高等教育系统又一项体现国家意志的重大战略举措。该项目是针对新时期中国高等学校已进入内涵式发展的新形势的又一项从国家层面实施的重大战略举措。实施该项目，对于大力提升高等学校的创新能力，全面提高高等教育质量，深入实施科教兴国、人才强国战略，都具有十分重要的意义。项目以人才、学科、科研三位一体创新能力提升为核心任务，通过构建面向科学前沿、文化传承创新、行业产业以及区域发展重大需求的四类协同创新模式，深化高校的机制体制改革，转变高校创新方式，建立起能冲击世界一流的新优势。项目于 2012 年 5 月 7 日正式启动。2013 年 4 月，中国教育部公布"2011 计划"的首批入选名单，全国 4 大类共计 14 个高端研究领域获得认定建设，相关单位成为首批工程建设体。

（一）基本要求

（1）总体目标。按照"国家急需、世界一流"的要求，结合国家中长期教育、科技发展规划纲要和"十二五"相关行业领域以及地方重点发展规划，发挥高校多学科、多功能的优势，积极联合国内外创新力量，有效聚集创新要素和资源，构建协同创新的新模式，形成协同创新的新优势。建立一批"2011 协同创新中心"，加快高校机制体制改革，转变高校创新方式，集聚和培养一批拔尖创新型人才，产出一批重大标志性成果，充分发挥高等教育作为科技第一生产力和人才第一资源重要结合点的独特作用，在国家创新发展中做出更大的贡献。

（2）重点任务。以国家重大需求为牵引，以机制体制改革为核心，以协同创新中心建设为载体，以创新资源和要素的有效汇聚为保障，转变高校创新方式，提升高校人才、学科、科研三位一体的创新能力。打破高校与其他创新主体间的壁垒，充分释放人才、资本、信息、技术等创新要素的活力，大力推进高校与高校、科研院所、行业企业、地方政府以及国外科研机构的深度合作，探索适应于不同需求的协同创新模式，营造有利于协同创新的环境和氛围。

（3）协同创新中心类型。根据"2011 计划"重大需求的划分，协同创新中心分为面向科学前沿、面向文化传承创新、面向行业产业和面向区域发展四种类型。①面向科学前沿的协同创新中心，以自然科学为主体，以世界一流为目标，通过高校与高校、科研院所以及国际知名学术机构的强强联合，成为代表我国本领域科学研究和人才培养水平与能力的学术高地。②面向文化传承创新的协同创新中心，以哲学社会科学为主体，通过高校与高校、科研院所、政府部门、行业产业以及国际学术机构的强强联合，成为提升国家文化软实力、增强中华文化国际影响力的主力阵营。③面向行业产业的协同创新中心，以工程技术学科为主体，以培育战略新兴产业和改造传统产业为重点，通过高校与高校、科研院所，特别是与大型骨干企业的强强联合，成为支撑我国行业产业发展的核心共性技术研发和转移的重要基地。④面向区域发展的协同创新中心，以地方政府为主导，以切实服务区域经济和社会发展为重点，通过推动省内外高校与当地支柱产业中重点企业或产业化基地的深度融合，成为促进区域创新发展的引领阵地。

（4）实施范围。面向各类高校开放，以高校为实施主体，积极吸纳科研院所、行业企业、地方政府以及国际创新力量参与。

（5）实施周期。"2011计划"自2012年启动实施，四年为一个周期。教育部、财政部每年组织一次"2011协同创新中心"的申报认定，通过认定的中心建设运行满四年后，教育部、财政部将委托第三方评估。

（二）实施原则

（1）统筹部署，分层实施。各类高校应按照"2011计划"的精神和要求，积极组织开展协同创新，加快机制体制改革，提升服务国家和区域发展重大需求的能力。鼓励有条件的高校制订校级协同创新计划，先行先试，积极培育。鼓励各地设立省级"2011计划"，结合当地重点发展规划，吸纳省内外高校、科研院所与企业组建协同创新体，建立协同创新机制，营造协同创新环境氛围。发挥行业产业部门的主导作用，利用行业产业部门的资源与优势，引导和支持高校与行业院所、骨干企业围绕行业重大需求开展协同攻关，在关键领域取得实质性突破。在此基础上，国家每年评审认定一批"2011协同创新中心"，形成分层实施、系统推进的工作机制。

（2）分类发展，择优支持。根据不同需求协同创新的任务和要求，分类型开展协同创新中心的建设。坚持"高起点、高水准、有特色"，明确有针对性的建设要求、准入条件、评审标准、管理机制以及绩效评价工作体系。在高校、地方、行业等前期充分培育的基础上，每年择优遴选出符合"国家急需、世界一流"要求、具有解决重大问题能力、具备良好机制体制改革基础的协同创新体，认定为"2011协同创新中心"。

（3）广泛聚集，多元投入。促进各类创新要素的有机融合，充分汇聚现有资源，积极吸纳社会多方面的支持和投入。面向科学前沿和文化传承创新的协同创新中心，要充分利用国家已有的科技、教育、文化等领域的资源和投入，形成集聚效应；面向行业产业发展的协同创新中心，要发挥行业部门和骨干企业的主导作用，汇聚行业、企业等方面的投入与支持；面向区域发展的协同创新中心，要发挥地方政府的主导作用，整合优质资源，吸纳社会支持，建立地方投入和支持的长效机制。在此基础上，经评审认定的"2011协同创新中心"，国家可给予相关政策倾斜和引导性、奖励性的资金支持。

（三）南方粮油作物国家协同创新中心简介

南方粮油作物国家协同创新中心是以作物栽培学与耕作学等国家重点学科，国家杂交水稻工程技术研究中心、水稻国家工程实验室、土肥资源高效利用国家工程实验室等国家创新平台为基础，根据"2011计划"的精神和要求，由湖南农业大学牵头，湖南杂交水稻研究中心、江西农业大学作为核心协同单位，华南农业大学、中国科学院亚热带农业生态研究所、湖南省农业科学院、袁隆平农业高科技股份有限公司、现代农装科技股份有限公司、湖南金健米业股份有限公司等作为主要参与单位，2012年7月组建，2014年被教育部、财政部认定为区域发展类"2011计划"国家级协同创新中心。中心为相对独立运行的非法人实体机构，实行理事会领导下的主任负责制，袁隆平院士任中心理事长、官春云院士任中心主任。根据南方稻田作物多熟制现代化生产重大需求，中心设作物种质资源创制与利用、多熟制种植模式与农艺技术创新、多熟制机械化生产配套技术与装备研制 3 个创新平台和 1 个多熟制作物生产技术集成与示范平台。

在广泛调研的基础上，针对当前高等农业教育的现状和问题，根据南方粮油作物现代化生产的实际需要，制订了南方粮油作物协同创新中心人才培养计划，实施五类卓越农业人才培养改革：第一类是依托农学专业开办隆平创新实验班，实施本科层次的拔尖创新型人才培养；第二类是依托农村区域发展专业开办春耘现代农业实验班，实施本科层次的复合应用型人才培养；第三类是在作物栽培与耕作学、作物遗传育种、种子科学与技术、土壤学、植物营养学、植物病理学、农业昆虫与害虫防治、农业机械化工程 8 个二级学科硕士点的学术型硕士研究生中选拔培养对象，实施硕士层次的拔尖创新型人才培养；第四类是在作物、种业、植物保护、作物信息科学、农业工程、农村与区域发展 6 个专业的专业硕士研究生中选拔培养对象，实施硕士层次的复合应用型人才培养；第五类是在作物学一级学科博士点的博士研究生中遴选培养对象，实施博士层次的高端创新人才培养[4]（图 1-6）。

图 1-6 南方粮油作物国家协同创新中心人才培养改革项目

三、世界一流大学和一流学科建设

世界一流大学和一流学科建设，简称"双一流"，建设世界一流大学和一流学科，是中国共产党中央委员会、中华人民共和国国务院作出的重大战略决策，亦是中国高等教育领域继"211工程""985工程""2011计划"之后的又一国家战略，有利于提升中国高等教育综合实力和国际竞争力，为实现"两个一百年"奋斗目标和中华民族伟大复兴的中国梦提供有力支撑。2015年8月18日，中央全面深化改革领导小组会议审议通过《统筹推进世界一流大学和一流学科建设总体方案》，对新时期高等教育重点建设做出新部署，将"211工程""985工程"及"优势学科创新平台"等重点建设项目，统一纳入世界一流大学和一流学科建设，并于同年11月由国务院印发，决定统筹推进建设世界一流大学和一流学科；2017年1月，经国务院同意，教育部、财政部、国家发展和改革委员会印发《统筹推进世界一流大学和一流学科建设实施办法（暂行）》。2017年9月21日，教育部、财政部、国家发展改革委联合发布《关于公布世界一流大学和一流学科建设高校及建设学科名单的通知》，正式确认公布世界一流大学和一流学科建设高校及建设学科名单，首批"双一流"建设高校共计137所，其中世界一流大学建设高校42所（A类36所，B类6所），世界一流学科建设高校95所；"双一流"建设学科共计465个（其中自定学科44个）。

（一）总体要求

（1）指导思想。坚持毛泽东思想，高举中国特色社会主义伟大旗帜，以邓小平理论、"三个代表"重要思想、科学发展观为指导，认真落实党的十八大和十八届二中、三中、四中全会精神，深入贯彻习近平总书记系列重要讲话精神，按照"四个全面"战略布局和党中央、国务院决策部署，坚持以中国特色、世界一流为核心，以立德树人为根本，以支撑创新驱动发展战略、服务经济社会发展为导向，加快建成一批世界一流大学和一流学科，提升我国高等教育综合实力和国际竞争力，为实现"两个一百年"

奋斗目标和中华民族伟大复兴的中国梦提供有力支撑。

坚持中国特色、世界一流，就是要全面贯彻党的教育方针，坚持社会主义办学方向，加强党对高校的领导，扎根中国大地，遵循教育规律，创造性地传承中华民族优秀传统文化，积极探索中国特色的世界一流大学和一流学科建设之路，努力成为世界高等教育改革发展的参与者和推动者，培养中国特色社会主义事业建设者和接班人，更好地为社会主义现代化建设服务、为人民服务。

（2）基本原则。①坚持以一流为目标。引导和支持具备一定实力的高水平大学和高水平学科瞄准世界一流，汇聚优质资源，培养一流人才，产出一流成果，加快走向世界一流。②坚持以学科为基础。引导和支持高等学校优化学科结构，凝炼学科发展方向，突出学科建设重点，创新学科组织模式，打造更多学科高峰，带动学校发挥优势、办出特色。③坚持以绩效为杠杆。建立激励约束机制，鼓励公平竞争，强化目标管理，突出建设实效，构建完善中国特色的世界一流大学和一流学科评价体系，充分激发高校内生动力和发展活力，引导高等学校不断提升办学水平。④坚持以改革为动力。深化高校综合改革，加快中国特色现代大学制度建设，着力破除体制机制障碍，加快构建充满活力、富有效率、更加开放、有利于学校科学发展的体制机制，当好教育改革排头兵。

（3）总体目标。推动一批高水平大学和学科进入世界一流行列或前列，加快高等教育治理体系和治理能力现代化，提高高等学校人才培养、科学研究、社会服务和文化传承创新水平，使之成为知识发现和科技创新的重要力量、先进思想和优秀文化的重要源泉、培养各类高素质优秀人才的重要基地，在支撑国家创新驱动发展战略、服务经济社会发展、弘扬中华优秀传统文化、培育和践行社会主义核心价值观、促进高等教育内涵发展等方面发挥重大作用。到2020年，若干所大学和一批学科进入世界一流行列，若干学科进入世界一流学科前列；到2030年，更多的大学和学科进入世界一流行列，若干所大学进入世界一流大学前列，一批学科进入世界一流学科前列，高等教育整体实力显著提升；到本世纪中叶，一流大学和一流学科的数量和实力进入世界前列，基本建成高等教育强国。

（二）建设任务

（1）建设一流师资队伍。深入实施人才强校战略，强化高层次人才的支撑引领作用，加快培养和引进一批活跃在国际学术前沿、满足国家重大战略需求的一流科学家、学科领军人物和创新团队，聚集世界优秀人才。遵循教师成长发展规律，以中青年教师和创新团队为重点，优化中青年教师成长发展、脱颖而出的制度环境，培育跨学科、跨领域的创新团队，增强人才队伍可持续发展能力。加强师德师风建设，培养和造就一支有理想信念、有道德情操、有扎实学识、有仁爱之心的优秀教师队伍。

（2）培养拔尖创新型人才。坚持立德树人，突出人才培养的核心地位，着力培养具有历史使命感和社会责任心，富有创新精神和实践能力的各类创新型、应用型、复合型优秀人才。加强创新创业教育，大力推进个性化培养，全面提升学生的综合素质、国际视野、科学精神和创业意识、创造能力。合理提高高校毕业生创业比例，引导高校毕业生积极投身大众创业、万众创新。完善质量保障体系，将学生成长成才作为出发点和落脚点，建立导向正确、科学有效、简明清晰的评价体系，激励学生刻苦学习、健康成长。

（3）提升科学研究水平。以国家重大需求为导向，提升高水平科学研究能力，为经济社会发展和国家战略实施作出重要贡献。坚持有所为有所不为，加强学科布局的顶层设计和战略规划，重点建设一批国内领先、国际一流的优势学科和领域。提高基础研究水平，争做国际学术前沿并行者乃至领跑者。推动加强战略性、全局性、前瞻性问题研究，着力提升解决重大问题能力和原始创新能力。大力推进科研组织模式创新，依托重点研究基地，围绕重大科研项目，健全科研机制，开展协同创新，优化资源配置，提高科技创新能力。打造一批具有中国特色和世界影响力的新型高校智库，提高服务国家决策的能力。建立健全具有中国特色、中国风格、中国气派的哲学社会科学学术评价和学术标准体系。营造浓厚的学术氛围和宽松的创新环境，保护创新、宽容失败，大力激发创新活力。

（4）传承创新优秀文化。加强大学文化建设，增强文化自觉和制度自信，形成推动社会进步、引领文明进程、各具特色的一流大学精神和大学文化。坚持用价值观引领知识教育，把社会主义核心价值观融入教育教学全过程，引导教师潜心教书育人、静心治学，引导广大青年学生勤学、修德、明辨、笃实，使社会主义核心价值观成为基本遵循，形成优良的校风、教风、学风。加强对中华优秀传统文化和社会主义核心价值观的研究、宣传，认真汲取中华优秀传统文化的思想精华，做到扬弃继承、转化创新，并充分发挥其教化育人作用，推动社会主义先进文化建设。

（5）着力推进成果转化。深化产教融合，将一流大学和一流学科建设与推动经济社会发展紧密结合，提高高校对产业转型升级的贡献率，努力成为催化产业技术变革、加速创新驱动的策源地。促进高校学科、人才、科研与产业互动，打通基础研究、应用开发、成果转移与产业化链条，推动健全市场导向、社会资本参与、多要素深度融合的成果应用转化机制。强化科技与经济、创新项目与现实生产力、创新成果与产业对接，推动重大科学创新、关键技术突破转变为先进生产力，增强高校创新资源对经济社会发展的驱动力。

（三）改革任务

（1）加强和改进党对高校的领导。坚持和完善党委领导下的校长负责制，建立健全党委统一领导、党政分工合作、协调运行的工作机制，不断改革和完善高校体制机制。进一步加强和改进新形势下高校宣传思想工作，牢牢把握高校意识形态工作领导权，不断坚定广大师生中国特色社会主义道路自信、理论自信、制度自信。全面推进高校党的建设各项工作，着力扩大党组织的覆盖面，推进工作创新，有效发挥高校基层党组织战斗堡垒作用和党员先锋模范作用。完善体现高校特点、符合学校实际的惩治和预防腐败体系，严格执行党风廉政建设责任制，切实把党要管党、从严治党的要求落到实处。

（2）完善内部治理结构。建立健全高校章程落实机制，加快形成以章程为统领的完善、规范、统一的制度体系。加强学术组织建设，健全以学术委员会为核心的学术管理体系与组织架构，充分发挥其在学科建设、学术评价、学术发展和学风建设等方面的重要作用。完善民主管理和监督机制，扩大有序参与，加强议事协商，充分发挥教职工代表大会、共青团、学生会等在民主决策机制中的作用，积极探索师生代表参与学校决策的机制。

（3）实现关键环节突破。加快推进人才培养模式改革，推进科教协同育人，完善高水平科研支撑拔尖创新人才培养机制。加快推进人事制度改革，积极完善岗位设置、分类管理、考核评价、绩效工资分配、合理流动等制度，加大对领军人才倾斜支持力度。加快推进科研体制机制改革，在科研运行保障、经费筹措使用、绩效评价、成果转化、收益处置等方面大胆尝试。加快建立资源募集机制，在争取社会资源、扩大办学力量、拓展资金渠道方面取得实质进展。

（4）构建社会参与机制。坚持面向社会依法自主办学，加快建立健全社会支持和监督学校发展的长效机制。建立健全理事会制度，制定理事会章程，着力增强理事会的代表性和权威性，健全与理事会成员之间的协商、合作机制，充分发挥理事会对学校改革发展的咨询、协商、审议、监督等功能。加快完善与行业企业密切合作的模式，推进与科研院所、社会团体等资源共享，形成协调合作的有效机制。积极引入专门机构对学校的学科、专业、课程等水平和质量进行评估。

（5）推进国际交流合作。加强与世界一流大学和学术机构的实质性合作，将国外优质教育资源有效融合到教学科研全过程，开展高水平人才联合培养和科学联合攻关。加强国际协同创新，积极参与或牵头组织国际和区域性重大科学计划和科学工程。营造良好的国际化教学科研环境，增强对外籍优秀教师和高水平留学生的吸引力。积极参与国际教育规则制定、国际教育教学评估和认证，切实提高我国高等教育的国际竞争力和话语权，树立中国大学的良好品牌和形象。

（四）支持措施

（1）总体规划，分级支持。面向经济社会发展需要，立足高等教育发展现状，对世界一流大学和一流学科建设加强总体规划，鼓励和支持不同类型的高水平大学和学科差别化发展，加快进入世界一流行列或前列。每五年一个周期，2016 年开始新一轮建设。高校要根据自身实际，合理选择一流大学和一流学科建设路径，科学规划、积极推进。中央财政将中央高校开展世界一流大学和一流学科建设纳入中央高校预算拨款制度中统筹考虑，并通过相关专项资金给予引导支持；鼓励相关地方政府通过多种方式，对中央高校给予资金、政策、资源支持。地方高校开展世界一流大学和一流学科建设，由各地结合实际推进，所需资金由地方财政统筹安排，中央财政通过支持地方高校发展的相关资金给予引导支持。

（2）强化绩效，动态支持。创新财政支持方式，更加突出绩效导向，形成激励约束机制。资金分配更多考虑办学质量特别是学科水平、办学特色等因素，重点向办学水平高、特色鲜明的学校倾斜，在公平竞争中体现扶优扶强扶特。完善管理方式，进一步增强高校财务自主权和统筹安排经费的能力，充分激发高校争创一流、办出特色的动力和活力。建立健全绩效评价机制，积极采用第三方评价，提高科学性和公信度。在相对稳定支持的基础上，根据相关评估评价结果、资金使用管理等情况，动态调整支持力度，增强建设的有效性。对实施有力、进展良好、成效明显的，适当加大支持力度；对实施不力、进展缓慢、缺乏实效的，适当减少支持力度。

（3）多元投入，合力支持。建设世界一流大学和一流学科是一项长期任务，需要各方共同努力，完善政府、社会、学校相结合的共建机制，形成多元化投入、合力支持的格局。鼓励有关部门和行业企业积极参与一流大学和一流学科建设。围绕培养所需人才、解决重大瓶颈等问题，加强与有关高校合作，通过共建、联合培养、科技合作攻关等方式支持一流大学和一流学科建设。按照平稳有序、逐步推进原则，合理调整高校学费标准，进一步健全成本分担机制。高校要不断拓宽筹资渠道，积极吸引社会捐赠，扩大社会合作，健全社会支持长效机制，多渠道汇聚资源，增强自我发展能力。

（五）组织实施

（1）加强组织管理。国家教育体制改革领导小组负责顶层设计、宏观布局、统筹协调、经费投入等重要事项决策，重大问题及时报告国务院。教育部、财政部、发展改革委负责规划部署、推进实施、监督管理等工作，日常工作由教育部承担。

（2）有序推进实施。要完善配套政策，根据本方案组织制定绩效评价和资金管理等具体办法。要编制建设方案，深入研究学校的建设基础、优势特色、发展潜力等，科学编制发展规划和建设方案，提出具体的建设目标、任务和周期，明确改革举措、资源配置和资金筹集等安排。要开展咨询论证，组织相关专家，结合经济社会发展需求和国家战略需要，对学校建设方案的科学性、可行性进行咨询论证，提出意见建议。要强化跟踪指导，对建设过程实施动态监测，及时发现建设中存在的问题，提出改进的意见建议。建立信息公开公示网络平台，接受社会公众监督。

第二章　卓越农业人才培养的动力学机制

　　2013 年，教育部、农业部、国家林业局印发《关于实施卓越农林人才教育培养计划的意见》，正式启动"卓越农林人才教育培养计划"，响应时代发展需要，推进中国农业转型升级。

第一节　社会驱动力

一、"中国梦"呼唤卓越农业人才

　　中国梦，是中国共产党召开第十八次全国人民代表大会以来，习近平总书记所提出的重要指导思想和重要执政理念，正式提出于 2012 年 11 月 29 日。习总书记把"中国梦"定义为"实现中华民族伟大复兴，就是中华民族近代以来最伟大梦想"。中华民族伟大复兴是华夏儿女的共同责任，"中国梦"呼唤卓越农业人才。

　　（一）农耕文明彰显中华民族的历史贡献

　　中华民族根植于中华大地，创造了辉煌的农耕文明，为人类文明进步作出了巨大贡献。中国劳动人民在长期的生产实践中形成适应农业生产、农村生活需要的国家制度、礼俗规范、文化教育等的文化总汇，集合了儒家文化、道家文化和佛教文化的独特文化内涵，形成了以土地为生产中心、以家庭为生活中心、以村庄为交流中心的男耕女织、铁犁牛耕、精耕细作的自给自足小农经济。以农耕文明为标志的中国文化是有别于欧洲游牧文化的，农业起着决定作用，聚族而居、精耕细作的农业文明孕育了内敛式自给自足的生活方式、文化传统、农政思想、乡村管理制度等，具有典型的和谐、环保、低碳特征。历史上的游牧式文明经常因为无法适应环境的变化以致突然消失，而农耕文明的地域多样性、民族多元性、历史传承性和乡土民俗性，不仅赋予中华文化重要特征，也是中华文化之所以绵延不断、长盛不衰的重要原因。

中国作为文明古国的全球地位，主要体现在农耕文明的历史贡献，精耕细作的传统农业精华，养育了世世代代的炎黄子孙，开辟了欧亚大陆"丝绸之路"，同时也贡献了丰富的全球重要农业文化遗产（表2-1）；制陶、瓷器、丝织品、冶金术、航海术等奠定了海上丝绸之路基础，奠定了宋、明时代的海上国际交流物质基础和霸主地位。由此可见，基于农耕文明的中华文化在人类文明史上做出了巨大贡献，也奠定了文明古国的历史地位。

表 2-1　　　　　　　　入选全球重要农业文化遗产的中国项目

全球重要农业文化遗产	入选时间	所在地区
青田稻鱼共生系统	2005 年	浙江
万年稻作文化系统	2010 年	江西
哈尼稻作梯田系统	2010 年	云南
从江侗乡稻鱼鸭系统	2011 年	贵州
普洱古茶园与茶文化	2012 年	云南
敖汉旱作农业系统	2012 年	内蒙古
绍兴会稽山古香榧群	2013 年	浙江
宣化城市传统葡萄园	2013 年	河北
福州茉莉花种植与茶文化系统	2014 年	福建
江苏兴化垛田传统农业系统	2014 年	江苏
陕西佳县古枣园	2014 年	陕西
甘肃迭部扎尕那农林牧复合系统	2018 年	甘肃
浙江湖州桑基鱼塘系统	2018 年	浙江
中国南方稻作梯田	2018 年	广西、福建、江西、湖南
山东夏津黄河故道古桑树群	2018 年	山东

（二）人口大国复兴必须以农业为基础

中华民族的伟大复兴，需要强大的综合国力支撑。综合国力是衡量一个国家基本国情和基本资源最重要的指标，也是衡量一个国家的经济、政治、军事、文化、科技、教育、人力资源等实力的综合性指标。农业是国民经济的基础，属于第一产业。虽然改革开放 40 年来，第二产业（工业）和第三产业（服务业）发展迅速，在国民经济中的比重不断扩大，但农业的基础地位是不可动摇的。中国是一个人口大国，"谁来养活中国人？"一度成为国际热门议题[5]。国家粮食安全既是基本民生，又是国家安全的重要内涵。习近平同志曾说，中国人的饭碗必须牢牢端在自己手里，我们的饭碗应该主要装中国粮。作物学研究农作物丰产、优质、安全、高效等的科学问题，关键技术和工程措施体系，实现"口粮绝对自给"和"食用植物油基本自给"是新时代作物学领域的历史使命。问题在于，目前我国农业人才培养体系基本沿用 20 世纪 80 年代的课程体系和实践教学体系，如何主动适应现代农业发展需要，在"双一流"建设中如何领跑全球作物学，是卓越农业人才培养改革的核心和关键[6]。

二、践行创新驱动发展战略

（一）创新驱动发展战略

所谓创新驱动，是指依托个体、群体和社会创造力，来获取社会经济发展动力的体制或机制。迈克尔·波特（Michael E. Porter，1947—）的国家竞争优势理论认为，国家经济发展可分为四个阶段，农业社会时代是一种要素驱动机制，表现为劳动密集；工业社会时代是一种投资驱动机制，表现为资金密集；知识经济时代依赖创新驱动机制，表现为技术密集或知识密集；进入财富驱动阶段以后，人类理性将处于主导地位（图 2–1）。当今世界的发展必须依赖创新驱动，表现为技术密集。可见创新发展居于国家发展全局的核心位置。创新是发展生产力和综合国力的战略支撑。

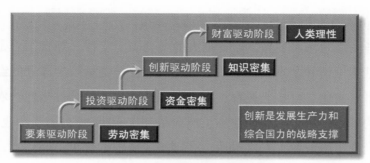

图 2-1　国家经济发展的四个阶段

党的十八大明确提出："科技创新是提高社会生产力和综合国力的战略支撑，必须摆在国家发展全局的核心位置。"强调要坚持走中国特色自主创新道路、实施创新驱动发展战略。创新驱动发展战略有两层含义：一是中国未来的发展要靠科技创新驱动，而不是靠传统的劳动力以及资源能源驱动；二是创新的目的是为了驱动发展，而不是为了发表高水平论文。实施创新驱动发展战略，将科技创新摆在国家发展全局的核心位置，实现到 2020 年进入创新型国家行列的目标，必须充分认识实施创新驱动发展战略的重大意义，抓住重点，形成合力。

（二）创新驱动与教育教学改革

2017 年 10 月 18 日，习近平同志在十九大报告中指出，优先发展教育事业。要全面贯彻党的教育方针，落实立德树人的根本任务，发展素质教育，推进教育公平，培养德智体美全面发展的社会主义建设者和接班人。教育领域践行创新驱动发展战略，必须坚持"创新是引领发展的第一动力"的核心动力观和"创新发展要以人民为中心"的人民本位观，教育行政部门要加强宏观调控，推进教育管理体制改革，优化教育资源配置，全面提升人才培养质量；各级各类学校要加强教育研究和教学改革，创新教育教学理念，加速教育管理体制改革、学校管理制度改革、人才培养模式改革、人才培养方案改革、支撑保障体系改革、人才培养过程改革、教学手段方法创新、自主学习机制创新等方面的改革实践和创新活动，激活教育领域的发展新动能（图 2–2）。

图 2–2　教育教学改革实践中的创新驱动实施路径

（三）创新驱动与卓越农业人才培养

创新驱动需要人的创造性思维、主观能动性和创造力，必须培养一大批卓越农业人才，服务农业全产业链，推进农业转型升级。①拔尖创新型农业人才培养改革。开展高层次教学与科研人才培养改革试点，改革招生方式，招收和选拔优秀学生；改革人才培养模式，推动本科教育与研究生教育的有效衔接，实施导师制，探索小班化、个性化、国际化教学；改革教学组织方式，突出因材施教；改革教学方法，积极探索多种形式的研究型教学方式，培养学生的创新思维和创新能力，促进优秀学生脱颖而出。依托国家级科技创新平台，强化学生的科研训练，支持学生积极参与农业科技创新活动，提高学生的科技素质和科研能力；积极引进国外优秀教育资源，支持学生积极参与国际交流与合作，开拓学生的国际视野，提升学生参与国际农业科技交流合作能力。支撑国家农业科技创新体系建设，为现代农业提供新品种、新技术、新方法、新材料、新模式、新工艺等，为提高农业科技贡献提供智力支持。②复合应用型农业人才培养改革。构建适应农业现代化和社会主义新农村建设需要的复合应用型农业人才培养体系。利用现代生物技术、现代信息技术等领域的科技新成果，提升改造传统专业；改革实践教学内容，强化实践教学环节，提高学生综合实践能力；改善教师队伍结构，设立"双师型"教师岗位；促进农科教合作、产学研结合，探索高等农林院校与农林科研机构、企业、用人单位等协同培养人才的新途径。推进农业全产业链的管理创新、制度创新、文化创新、企业创新、业态创新和服务模式创新。③实用技能型农业人才培养改革。深化面向农村基层的教育教学改革，鼓励有条件的地方开展订单定向免费教育，吸引一批热爱农业农村的优质生源。根据农业基层对实用技能型人才的需求，改革教学内容和课程体系，加强实践教学平台和技能实训基地建设，建立健全与现代农业产业发展相适应的现代化实践技能培训体系；按照农业生产规律，探索"先顶岗实习，后回校学习"的教学方式，开展师徒制改革探索，提高学生的工程技术能力和技术服务能力。推进农业全产业链的产品创新、工艺革新、品质提档、服务提质、品牌价值和文化创新传承（图2-3）。

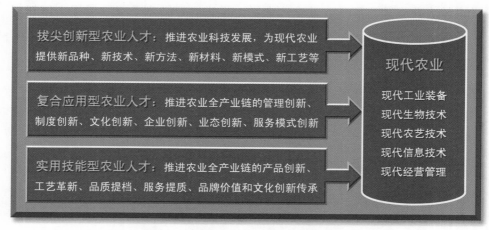

图2-3 创新驱动与卓越农业人才培养

三、农业供给侧结构性改革

2015年11月，国家颁布《深化农村改革综合性实施方案》，对农业供给侧结构性改革进行了总体部署。典型的宏观经济发展策略，一是需求侧刺激，二是供给侧调控。所谓需求侧刺激，是指通过扩大投资、鼓励消费、出口创汇、增加市场需求来拉动经济增长，这就是"需求侧三驾马车"。需求侧刺激是一种从结果出发的逆周期调节，改革开放以来，我国主要采用需求侧刺激的宏观经济发展策略。供给侧调控是一种源头控制策略，通过劳动力、土地、资本、创新四大农业生产要素的合理供给与有效利用，实现资源优化配置，推动经济发展。供给侧调控是一种从经济运行源头入手的长远、转型、升级调控策略。农业供给侧改革的关键是激活农业生产要素的内源活力和宏观调控综合效益。

（一）劳动力要素：农业转移人口市民化与新型职业农民培育

（1）农业转移人口市民化。20世纪90年代以来，大量农村劳动力外出务工经商，形成了中国特色的农民工现象，同时也带来农村留守儿童、城乡流动儿童、农村空巢老人、农村夫妻分居等一系列社会问题[7]，使他们为经济社会转型付出了惨重的代价，其根本原因在于城乡二元经济结构和户籍制度的影响，导致经济社会系统中的就业地与居住地分离，也形成中国特色的"兼业农民"现象[8]。十八大以来，党和国家积极推进农业转移人口市民化，为农民工在就业地落户和实现家庭结构常态化提供了政策支撑。《关于全面深化改革若干重大问题的决定》明确指出"推进农业转移人口市民化，逐步把符合条件的农业转移人口转为城镇居民"。推进农业转移人口市民化，主要是实现在城镇务工、经商的"兼业农民"在就业地安家，让城镇接受农民工及其家庭整体，为城镇发展提供稳定的劳动力资源，促进农业规模经营，提高国土资源利用效率。与此同时，城市要素回流农村，为现代农业提供资金、技术、信息、智力支撑，促进城乡发展一体化（图2-4）。

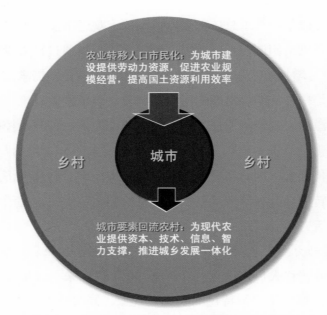

图 2-4　农业转移人口市民化与城市要素回流农村

（2）新型职业农民培育。新型职业农民是以农业为职业、具有相应的专业技能、收入主要来自农业生产经营并达到相当水平的现代农业从业者。新型职业农民概念的提出，意味着"农民"是一种自由选择的职业，而不再是一种被赋予的身份。从经济角度来说，它有利于劳动力资源在更大范围内的优化配置，有利于农业、农村的可持续发展和城乡融合发展，尤其是在当前人口红利萎缩、劳动力资源供给持续下降的情况下，更是意义重大；从政治和社会角度来说，它更加尊重人的个性和选择，更能激发群众的积极性和创造性，更符合"创新、协调、绿色、开放、共享"的发展理念。加速新型职业农民培育成为中国农业发展转型期的首要任务。2017 年 1 月 29 日，农业部出台的《"十三五"全国新型职业农民培育发展规划》提出发展目标：到 2020 年全国新型职业农民总量超过 2000 万人。提出以提高农民、扶持农民、富裕农民为方向，以吸引年轻人务农、培养职业农民为重点，通过培训提高一批、吸引发展一批、培育储备一批，加快构建一支有文化、懂技术、善经营、会管理的新型职业农民队伍。目前，全国各地积极推进新型职业农民培育工程，实施新型农业经营主体带头人轮训计划、现代青年农场主培训计划和农村实用人才培训计划，建立一支符合现代农业发展需要的新型职业农民队伍；建立学分银行、搭建农民职业培训与农林教育衔接的"立交桥"，鼓励农林院校实施卓越农林人才教育培养计划，面向现代农业培养领军型新型职业农民；开展新型职业农民培育信息化建设工程，打造国家、省、县三级新型职业农民培育信息化平台，强化实训培养资源建设和云服务，提供在线学习、管理考核、跟踪指导全程信息化服务（图 2-5）。

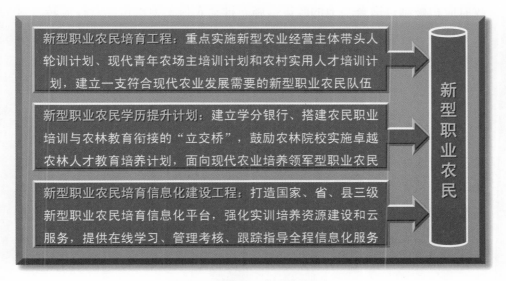

图 2-5 新型职业农民培育工程

（二）土地要素：农村土地制度改革与土地流转

（1）农村土地制度改革。党的十一届三中全会以后，我国农村开始推行家庭联产承包责任制，实现了农村土地所有权与使用权分离；2002 年《中华人民共和国农村土地承包法》正式出台，为"土地承包经营权的流转"提供了法律依据；2007 年《中华人民共和国物权法》将农村土地承包经营权作为用益物权赋予了其财产属性；2014 年《中共中央关于全面深化改革若干重大问题的决定》进一步明确了土地承包经营权的财产属性特征，明确要赋予农民更多的财产权利，为制订农村土地承包经营权流转的法律法规奠定了基础；2015 年，国务院办公厅颁布的《深化农村改革综合性实施方案》，明确提出"落实集体所有权、稳定农户承包权、放活土地经营权、实行'三权分置'"。

（2）农村土地流转。农村土地承包经营权流转的自发行为或单纯的市场机制，必然导致农村土地承包经营权流转过程中的混乱状态或内耗增加，要确保农村土地承包经营权"流得动""转得出"，县级人民政府和乡（镇）政府应积极制订适合当地的政策措施，推动农村土地承包经营权流转。村民委员会、村民小组及其他农村合作经济组织应该主动负责起农村土地承包经营权流转的组织协调工作，统一思想，提高认识，加强和确保农村土地承包经营权流转工作，降低农村土地承包经营权流转过程中的纠纷与内耗。

（3）践行"藏粮于地"发展战略。粮食安全事关基本民生和国家安全，对于中国这样一个 13 亿多人的发展中大国，粮食安全一直是"天字第一号"的问题。从"以粮为纲"到粮食政策逐步放开，经历了 2003 年左右的中国粮食产量跌入低谷，一度引起恐慌。2004 年以后的粮食最低收购价格政策和临时储存政策，又导致近年来的粮食"三高"（高产能、高进口、高库存），如何协同粮食生产领域的市场机制与"谷贱伤农、米贵伤民"的关系，一直困扰着世界各国。目前，我国提出了"藏粮于地""藏粮于技"发展战略，拓展了一种全新思路。"藏粮于地"是在严守 18 亿亩耕地红线的基础上，全面实施基础设施建设工程和耕地质量提升行动，挖掘土地生产潜力，确保粮食产能的可持续发展。

（三）资本要素：激活农村资本市场

（1）推进农村金融体制改革，激活农村资本市场。2016 年《关于落实发展新理念，加快农业现代化，实现全面小康目标的若干意见》明确规定"推动金融资源更多向农村倾斜"：①积极改善存取款、支付等基本金融服务，加快建立多层次、广覆盖、可持续的农村金融服务体系，发展农村普惠金融，降低融资成本，全面激活并健全农村金融服务体系。②积极开展农村信用社省联社改革试点，稳定农村信用社县域法人地位，逐步淡出行政管理，强化服务职能，提高治理水平和服务能力。③大力鼓励国有和股份制金融机构拓展"三农"业务。深化中国农业银行"三农"金融事业部改革，加大"三农"金融产品创新和重点领域信贷投入力度。充分发挥国家开发银行优势和作用，加大服务"三农"融资模式创新力度。强化中国农业发展银行政策性职能，加大中长期"三农"信贷投放力度。支持中国邮政储蓄银行建立"三农"金融事业部，打造专业化"三农"服务体系。创新村镇银行设立模式，扩大覆盖面。引导互联网金融、移动金融在农村快速、规范发展。扩大在农民合作社内部开展信用合作试点的范围，健全风险防范化解机制，落实地方政府监管责任。④开展农村金融综合改革试验工作，积极探索创新农村金融组织和服务。发展农村金融租赁业务。在确保风险可控前提下，稳妥有序推进农村承包土地的经营权和农民住房财产权抵押贷款试点。积极发展林权抵押贷款。创设农产品期货品种，开展农产品期权试点。⑤支持涉农企业依托多层次资本市场融资，加大债券市场服务"三农"力度。⑥全面推进农村信用体系建设，加快建立"三农"融资担保体系。完善中央与地方双层金融监管机制，切实防范农村金融风险。

（2）盘活农村集体"三资"，壮大农村集体经济。农村集体"三资"是指农村集体经济组织所有的资源、资产和资金。盘活农村集体"三资"，要做到摸清家底、明确权属，建章立制、规范管理，科学经营、合理分配，逐步壮大农村集体经济。

（3）吸引社会资本投资农业，扩大农业资金通量。依托乡村旅游、康养产业等，引导城市要素回流农村，吸引社会资本投资农业[9]。

（4）构建农业社会化服务体系，推进农业投资分流。农业社会化服务体系可以将农业生产的部分环节以有偿服务的方式进行项目外包，由专业化公司来承担外包项目的生产经营活动或管理行为。目前全国成功推广的农作物病虫害"统防统治"，不仅实现了投资分流，在减少农药用量和防治用工、提高病虫害防治效果和综合效益等方面都取得了显著成效（图2-6）。

图2-6　统防统治实施效果

（四）技术要素：践行创新驱动发展战略

农业供给侧结构性改革视角的创新要素，就是践行创新驱动发展战略，具体包括三个方面的内容。一是加速农业科技创新和技术研发，为农业生产提供更多的新品种、新技术、新工艺、新材料、新产品、新模式，全面提高农业生产领域的科技贡献率。二是进一步深化农村改革，加快体制机制创新，构建现代农业经营体系、生产体系和产业体系，推进城乡融合发展，全面实施乡村振兴战略。三是践行"藏粮于技"战略，实施粮食丰产增效科技创新工程、中低产田改良与高标准农田建设工程、数字农业建设工程，推行"一控两减三基本"（控制农业用水总量，减少化肥、农药施用总量，基本实现畜禽粪尿、农膜残留、秸秆的资源化利用和无害化处理），发展无污染、无废物的清洁生产，确保国家粮食安全（图2-7）。

图 2-7 实施"藏粮于技"发展战略

（五）信息要素：农业大数据的价值

信息是用来消除随机不定性的非物质性客观存在。可以分为自然信息、经济信息、社会信息、技术信息等。信息在某一具体的现实环境中通过信源产生信息、媒介传播信息、信宿接收信息的过程形成信息流，多种信息流交织形成信息网，实现系统的信息传递。信息是一种重要的生产要素。农业生产要素的历史推演表明，农业时代的生产要素是土地、劳动力、资金三要素；工业时代增加了技术要素，包括技术、资金、土地、劳动力四要素；信息时代又增加了信息要素，形成信息、技术、资金、土地、劳动力五大农业生产要素（图 2-8）。处于信息时代的当代中国农业，必须加快数字农业基础设施建设（包括农业物联网建设、农村遥感体系建设等），加速精准农业实践探索，实现农业生产领域的资源节约和环境友好，积极开展智慧农业理论探索和技术研发，推进物联网、大数据、云计算和人工智能在农业领域的广泛应用。

图 2-8 农业生产要素的历史推演

四、实施乡村振兴战略

（一）乡村振兴战略的总体设计

实施乡村振兴战略，必须按照"产业兴旺、生态宜居、乡风文明、治理有效、生活富裕"的总要求，推动乡村产业振兴、乡村人才振兴、乡村文化振兴、乡村生态振兴和乡村组织振兴，走城乡融合发展之路、共同富裕之路、质量兴农之路、乡村绿色发展之路、乡村文化兴盛之路、乡村善治之路、中国特色减贫之路，让农业成为有奔头的产业，让农民成为有吸引力的职业，让农村成为安居乐业的美丽家园。党中央部署了乡村振兴的"三步走"时间表：到 2020 年，乡村振兴取得重要进展，制度框架和政策体系基本形成；到 2035 年，乡村振兴取得决定性进展，农村农业现代化基本实现；到 2050 年，乡村全面振兴，农业强、农村美、农民富全面实现（图 2-9）。

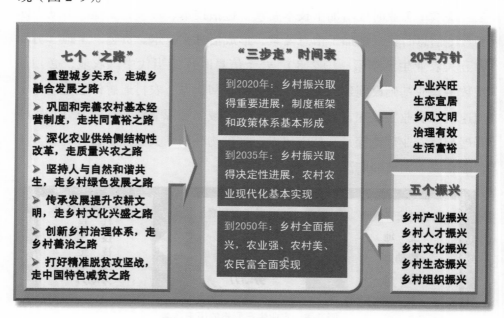

图 2-9　乡村振兴战略的总体设计

（二）乡村振兴战略的实施方略

（1）重塑城乡关系，走城乡融合发展之路。2017年10月18日，习近平同志在十九大报告中指出，中国特色社会主义进入新时代，我国社会主要矛盾已经转化为人民日益增长的美好生活需要和不平衡不充分的发展之间的矛盾。不平衡、不充分的发展主要表现为长期以来的城乡二元结构所导致的城乡发展不平衡、不充分。重塑城乡关系，就是要打破相互分割的城乡二元结构，实现生产要素的合理流动和资源优化配置，使城市和乡村融为一体。城乡融合发展，必须深化产权制度、土地制度、金融制度、户籍制度改革，通过科学规划和产业协同，加速基础设施、公共服务、社区治理和生态文明建设，全面建设城乡形态特色鲜明的协调发展区、生产要素平等交换的集成创新区、公共资源均衡配置的成果共享区、社会治理科学有效的善治先进区、都市现代农业发展的综合示范区、人与自然和谐发展的生态宜居区，统筹布局城乡经济，加强城乡交流与合作，实现城乡融合发展（图2–10）。

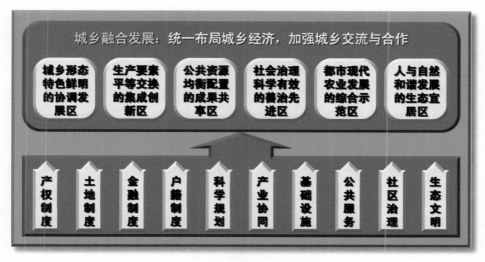

图2–10　城乡融合发展新格局

（2）提升农业发展质量，激活乡村发展新动能。提升农业发展质量，激活乡村发展新动能，主要从以下几个方面来实现：第一，夯实农业生产能力基础：严守耕地红线，实施"藏粮于地、藏粮于技"战略，确保国家粮食安全；落实永久基本农田保护制度，大规模推进农村土地整治和高标准农田建设，加强农田水利建设，推进农业装备转型升级，优化农业从业者结构，加快农业科技创新。第二，发展品牌农业，实施质量兴农战略：实施国家质量兴农战略规划，建立健全质量兴农评价体系、政策体系、工作体系和考核体系，推进农业绿色化、优质化、特色化、品牌化，农业由增产导向转变为提质导向。第三，构建农村第一、第二、第三产业融合发展体系：大力开发农业多功能，延长产业链、提升价值链、完善利益链，实施农产品加工业提升行动。第四，构建农业对外开放发展新格局：优化资源配置，着力节本增效，提升农产品国际竞争力，科学利用国际、国内农业资源和农产品市场。第五，促进小农户和现代农业发展有机衔接。统筹兼顾培育新型农业经营主体和扶持小农户的关系，把小农生产引入现代农业发展轨道。

（3）推进乡村绿色发展，实现人与自然和谐共生。推进乡村绿色发展，实现人与自然和谐共生发展新格局。第一，统筹山水林田湖草系统治理：把山、水、林、田、湖、草作为生命共同体统一保护、统一修复、科学利用，开展国土绿化行动，建立生物多样性保护工程，防范生物入侵，持续改善生态环境。第二，加强农村突出环境问题综合治理：加强农业面源污染防治，加强农村环境监管能力建设，深入开展农业绿色发展行动，稳步推进投入品减量化、生产清洁化、废弃物资源化、产业模式生态化。第三，建立市场化多元化补偿机制：落实农业功能区制度，加大生态功能区转移支付力度，完善生态保护成效与资金分配挂钩的激励约束机制。建立生态建设和保护利益联结机制与公益岗位责任制。第四，增加农业生态产品和服务供给：正确处理开发与保护的关系，运用现代科技和管理手段，将乡村生态优势转化为发展优势，提供更多、更好的绿色生态产品和服务，促进生态和经济良性循环。

（4）繁荣兴盛农村文化，焕发乡风文明新气象。第一，加强农村思想道德建设：以社会主义核心价值观为引领，坚持教育引导、实践养成、制度保障三管齐下，采取符合农村特点的有效方式，深化中国特色社会主义和中国梦宣传教育，大力弘扬民族精神和时代精神。第二，传承、发展、提升农村优秀传统文化：立足乡村文明，吸取城市文明及外来文化优秀成果，在保护传承的基础上，创造性转化、创新性发展，不断赋予时代内涵、丰富表现形式。第三，加强农村公共文化建设：按照有标准、有网络、有内容、有人才的要求，健全乡村公共文化服务体系。第四，开展移风易俗行动：广泛开展文明村镇、星级文明户、文明家庭等群众性精神文明创建活动。遏制大操大办、厚葬薄养、人情攀比等陈规陋习。

（5）强化农村基层基础工作，构建乡村治理新体系。强化农村基层工作，构建乡村治理新体系，首先要加强农村基层党组织建设，扎实推进抓党建促乡村振兴，突出政治功能，提升组织力，抓乡促村，把农村基层党组织建成坚强战斗堡垒。第二，进一步深化村民自治实践，坚持自治为基，加强农村群众性自治组织建设，健全和创新村党组织领导的充满活力的村民自治机制。第三，建设法治乡村，坚持法治为本，树立依法治理理念，强化法律在维护农民权益、规范市场运行、农业支持保护、生态环境治理、化解农村社会矛盾等方面的权威地位。第四，全面提升乡村德治水平，深入挖掘乡村熟人社会蕴含的道德规范，结合时代要求进行创新，强化道德教化作用，引导农民向上向善、孝老爱亲、重义守信、勤俭持家。第五，建设平安乡村，大力推进农村社会治安防控体系建设，推动社会治安防控力量下沉。

（6）提高农村民生保障水平，塑造美丽乡村新风貌。提高农村民生保障水平，是塑造美丽乡村新风貌的基础和前提。第一，提高农村民生保障水平，稳步推进农村"五保"制度、新型农村合作医疗制度、新型农村养老保险制度改革，逐步实现城乡基本公共服务均等化，不断提升农村民生保障水平。第二，要打好精准脱贫攻坚战，坚持党中央确定的脱贫攻坚目标和扶贫标准，聚焦贫困地区和特殊贫困群体，调动社会各界参与脱贫攻坚积极性，实现政府、市场、社会互动和行业扶贫、专项扶贫、社会扶贫联动，确保不漏一村不落一人。第三，强化乡村振兴制度性供给，发挥制度管全局、管长远、管根本的作用，深入推进农村改革，为乡村振兴添活力、强动力、增后劲。第四，强化乡村振兴人才支撑，农业农村人才是强农兴农的根本，加强农业科技人才队伍建设，提升基层农技人员素质，就地培育爱农业、懂技术、善经营的新型职业农民，补齐农业农村人才短板。第五，要强化乡村振兴投入保障，形成振兴乡村的多元投入格局，优先满足乡村公共事业发展的财政资金需求，通过改革创新促进金融机构把乡村振兴投入作为重点，通过制度性供给引导社会资本投入乡村振兴。

第二节　市场驱动力

农业领域的人才培养改革，同样肩负着培养社会主义事业建设者和接班人的历史重任，必须主动适应现代农业发展需求。因此，卓越农业人才培养应构建层级化培养体系，适应人才市场的多样化、层级化需求（图2-11）。

图 2-11　农业人才需求多样化、层级化特征示意

一、拔尖创新型人才培养与农业科技创新

拔尖创新型人才培养指向科技创新和技术研发，主要为农业科研机构和高等院校培养高端创新人才，全面提升农业领域的科技贡献率。

（一）农业科技创新团队建设与人才供给

实践证明，科技创新团队的运行总是以核心人才为种核，并显示出强烈的种核效应[10]。创造性劳动中的领军人物或上游人才往往会对团队形成强大的号召力、向心力和凝聚力，成为创新团队发展的生长基点和凝聚核心，带动团队的中游人才和下游人才共生协作与竞争成长，共同完成创造性工作，并形成高水平的创造性劳动成果，推动科技进步和社会经济发展。在团队结构中，一定数量的中游人才和众多的下游人才通过共生协作和竞争成长，构成金字塔结构，并依托系统内部的人才集聚机制、人才激励机制、人才种核培育机制和创新性项目引进机制，有效地推进团队健康可持续发展（图2-12）。

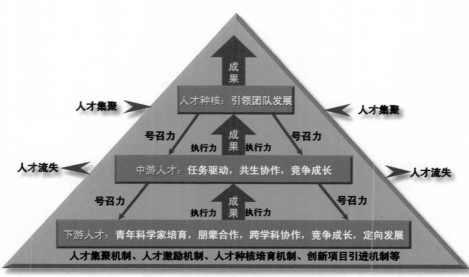

图 2-12 科技创新团队的运行机制

人才集聚是人才流动过程的一种特殊行为，是指人才由于受到某些因素影响，从各个不同的组织或区域流向某一特定组织或区域的过程。人才群体的集聚化成长，必须依靠良好的吸纳和培育机制，以最大限度地发挥人才群体的集聚效应。人才集聚的动力学机制具体表现在：①经济动因。在理性假设的前提下，利益必然是人才集聚的基本动力学因素，也是人才进一步发展的物质基础。②自我实现动因。马斯洛（Abraham H. Maslow，1908—1970）的需求层次理论认为，人在生理需要、安全需要、归属与爱的需要、尊重的需要得到基本满足以后，就会产生自我实现的需要，这是最高等级的需要，是一种创造的需要。有自我实现需要的人，往往会竭尽所能，使自己趋于完美，实现自己的理想和目标，获得成就感。人才在社会分层中处于较高层次，已得到了较好的社会认同，普遍存在自我实现需要，如果到能更好地自我实现、体现个人价值、创造更多社会价值的组织或区域工作，是具有很大的吸引力的。③集聚效应动因。人才聚集不仅有助于实现人才的自身价值，而且会产生集聚效应，如正反馈效应、引力场效应、群体效应和联动效应，这些集聚效应在实现群体高效益和高效率的前提下，使其中的个体也获得了更大的成功。④信任和权威动因。人才的创造性劳动是需要依赖现实环境支持的，如果感到进入一个新组织或地区能够受到更大的信任或能更好地体现其权威（人才价值的抽象体现），客观上会促进人才流动[11]。事实上，在人才集聚机制中，对于某一组织或科技创新团队而言，不可避免也会产生人才流失现象。

（二）大数据时代的农业科技创新人才培养改革

传统农业的典型特征是铁犁牛耕、男耕女织、精耕细作，讲究"良种良法"，毛泽东同志还将其总结为"土、肥、水、种、密、保、管、工"的农业"八字宪法"，①因而形成了农学领域的作物学一级学科下属的作物

---

① 农业"八字宪法"中，"土"指深耕、改良土壤、土壤普查和土地规划，"肥"指合理施肥；"水"指兴修水利和合理用水；"种"指培育和推广良种；"密"指合理密植；"保"指植物保护，即病、虫、草、鼠、雀害防治；"管"指田间管理；"工"指工具改革。

栽培学（或作物栽培学与耕作学）、作物育种学（或作物遗传育种学）两大二级学科。从科学哲学（或自然辩证法）范畴来分析，这种分类体系已不适应现代农业发展形势，顾名思义，作物栽培学中的"栽""培"具有典型的手工劳动写实特征，现代作物生产领域不再需要人工的"栽""培"，而是依赖现代工业装备技术支撑的机械化、自动化作业；作物育种学也不再是简单的农作物品种选育或培育，而是在组学、生物信息学等现代生物技术支撑下，利用基因工程技术、太空育种技术、细胞融合技术等现代生物技术的种质资源定向创制，表征育种领域已不再是简单地利用自然选择机制、自然突变和诱导突变，而是根据生产目标定向创制新的种质资源或DNA。目前已进入大数据时代，农业物联网、大数据、云计算和人工智能已成为现代农业的重要资源和手段，"互联网+"现代农业背景下必须加速农业大数据资源的采集、传输、分析与应用，推进农业物联网监测、农业遥感监测和农业自动化作业等现代技术应用，可以考虑与时俱进地规范作物学科技创新的两大方向：一是现代作物生产，二是作物种质资源创制。

现代作物生产主要研究适应机械化耕作和自动化作业的丰产、优质、安全、高效生产技术及其相关理论，服务数字农业、精准农业、智慧农业发展需求；作物种质资源创制主要包括组学（包括基因组学、表型组学、酶组学、蛋白组学、代谢组学等）方面的基础性研究和新品种选育与定向改良方面的应用研究，为现代作物生产提供适应机械化生产的高产、优质、多抗种质资源。

拔尖创新型人才培养改革，目标是为农业科技创新培育高端创新人才和科技创新团队的领军人才。科技创新团队的领军人才（人才种核）非常重要，不仅要有丰富的科研经验、高超的学识水平和卓有成效的科技创新业绩，能够准确把握学科前沿和发展动态，还需要有扎实的生物信息学功底、敏锐的洞察力和较强的学科资源调控能力，确保团队的健康发展和持续提升（图 2-13）。

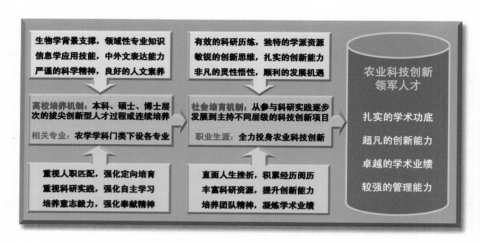

生物学背景支撑，领域性专业知识
信息学应用技能，中外文表达能力
严道的科学精神，良好的人文素养

有效的科研历练，独特的学派资源
敏锐的创新思维，扎实的创新能力
非凡的灵性悟性，顺利的发展机遇

高校培养机制：本科、硕士、博士层
次的拔尖创新型人才过程或连续培养

相关专业：农学学科门类下设各专业

社会培育机制：从参与科研实践逐步
发展到主持不同层级的科技创新项目

职业生涯：全力投身农业科技创新

重视人职匹配，强化定向培育
重视科研实践，强化自主学习
培养意志毅力，强化奉献精神

直面人生挫折，积累经历阅历
丰富科研资源，提升创新能力
培养团队精神，凝炼学术业绩

农业科技创新
领军人才

扎实的学术功底

超凡的创新能力

卓越的学术业绩

较强的管理能力

图 2-13　农业科技创新领军人才培养路径

二、复合应用型人才培养与农业 CEO

（一）现代农业企业呼唤农业 CEO

法人治理结构是现代企业制度中最重要的组织架构，是指企业内部股东、董事、监事及经理层之间的关系：CEO 即首席执行官或总经理，是企业的实际执掌者，由投资人构成的股东大会是企业的最高决策机构，董事会是股东大会的执行机构，监事会代理股东大会行使监察职能，管理体系则是由 CEO 组阁的企业运行体系，现代农业企业执行董事会领导下的总经理负责制，CEO 组阁企业运行体系。现代企业的运行体系一般采用科层制管理体系。决策层包括总经理、若干名副总经理、财务总监和技术总监，负责企业战略决策和宏观控制，应具有高瞻远瞩、全局视野、创新精神等综合品质；管理层是指企业的中层骨干，他们负责某部门工作的综合协调和跨部门协作，应具有团队精神、协调能力和角色适应能力；执行层是各部门下设的完成某类专项任务的基层管理人员，负责内部管理和组织指挥，要求具有高执行力、强亲和力和较强的组织指挥能力；操作层是指企业的基层员工和生产人员，负责具体任务实施并形成绩效，要求具有较高的业务素质、实施能力和敬业精神（图2-14）。科层制是一种法律化的等级制度，强调下级服从上级，重视岗位的相对独立性和非人格化，追求完善的技术化程序和手段，从而实现企业运行的高效率。改革开放40年来，各级政府十分重视培育农业产业化龙头企业，期望现代农业企业在自身发展和引领现代农业发展等方面发挥重要作用，但总体效果不佳，其中一个重要原因就是缺乏有效的农业CEO培育机制，使现代农业企业的高层管理人员的知识结构和能力体系均存在明显"短板"，现代农业企业呼唤农业CEO。

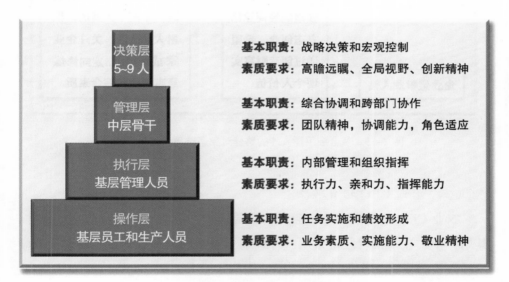

图2-14　现代农业企业管理人力资源结构特征

（二）复合应用型人才培养对象遴选与自我修炼

人职匹配是当代人力资源开发的关注热点，个体社会化的目标是自身的职业生涯历程和职业发展，如果在教育历程中实现了有效的人职匹配，即根据个体的职业发展优势区定位职业发展目标并进行定向培养，可以实现人力资源开发的社会成本最小化和人力资源效益最大化。霍兰德的职业人格理论将职业人格分为探索型、艺术型、社会型、企业型、传统型、实际型六类，其中社会型和企业型职业人格适合培养创业人才[12]。因此，农业 CEO 培养应重点遴选具有社会型、企业型职业人格倾向的个体，同时要考虑个体的发展意愿，具有强烈的经商意愿，立志创业，希望通过创造财富实现个人价值。职业发展定位为农业 CEO 的个体，应重视社会实践，丰富个人阅历，积累人脉资源，关注企业家成长经历，定向修炼意志品质和综合素质（图 2–15）。

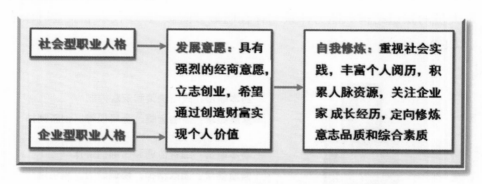

图 2–15　复合应用型人才的培养对象遴选与自我修炼路径

（三）农业 CEO 培育路径

农业 CEO 应是懂农业、会经营、善管理、能发展的复合应用型人才，其培养模式在本科阶段可采用"管理学＋农学"或"农学＋管理学"双学士教育培养模式，形成广博型知识结构[13]，能力训练方面则强化表达能力、交际能力、组织协调能力和决策能力训练。农业 CEO 的生长过程，应在高校培养的基础之上，构建有效的社会培养机制，他们应该就职于现代农业企业的实际管理岗位，经历基层管理、中层骨干、决策高层的职业发展历程（图 2–16）。

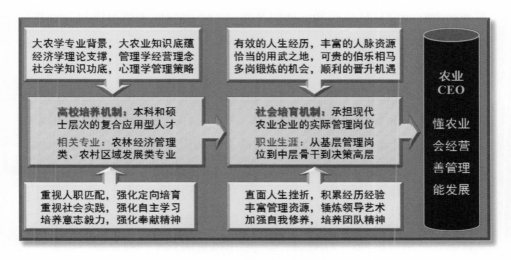

图 2–16　农业 CEO 培育路径

　　复合应用型农业人才在以后的职业发展过程中，社会资源具有重要作用：有效的人生经历，丰富的人脉资源，恰当的用武之地，可贵的伯乐相马，多岗锻炼的机会，顺利的晋升机遇。更重要的是自我修炼或自我形塑：直面人生挫折，积累经历经验，丰富管理资源，锤炼领导艺术，加强自我修养，培养团队精神。企业家才能被认为是现代企业的独特生产要素，谁来执掌农业企业，既是农业企业本身生存、发展的基础和前提，也是现代农业发展的中流砥柱。改革开放以来，我国积极培育农业产业化龙头企业，涌现了不少农民企业家，他们为中国农业发展做出了巨大贡献。但是，中国农业企业要参与国际竞争，迫切需要培养一批懂农业、会经营、善管理、能发展的高素质农业 CEO，农业 CEO 的培养需要依赖高校培养机制和社会培育机制，尽量缩短培育过程。

三、实用技能型人才培养与职业农民制度

（一）农业生产经营者的转型升级

谁来经营家庭农场？这是一个很值得探讨的现实问题。家庭农场的经

营者和家庭的家长是统一的，他们是新型职业农民的重要组成部分，是其中的生产经营型职业农民，他们既是家庭农场的劳动者，又是家庭农场的经营管理者，他们要面对大市场组织家庭农场的生产经营活动，必须兼具农业劳动技能和经营管理能力，由此可见，家庭农场主应该是新时代的理性小农[14]。分析传统小农的历史背景，可以更深刻地理解传统小农的思维状态。他们在农政、农艺和手工艺等农耕文明物质基础上，形成了男耕女织、铁犁牛耕、精耕细作为基本特征的自给自足小农经济；在宗法制度和宗族制度的农耕文明生息环境下，形成了政权、族权、神权、夫权交织的社会秩序和人际环境；在宗教信仰与伦理道德的社会主流文化环境下，形成了三教融合、纲常伦理、乡风民俗交织的主流价值观；同时也演绎出多样化的文化陶冶环境。总之，传统小农是基于自给自足小农经济和封闭村庄环境的农业经营者，不需要依赖市场就可维持稳定生活，其典型特征是交流圈小、保守固执、崇尚经验、敬畏天命、崇拜祖先[15]。

新中国成立后，我国实行工农业"剪刀差"政策，形成了城乡二元结构，奠定了中国农民的农业人口身份和农村居民特征，同时也形成了中国农民属于弱势群体的刻板印象。新中国成立初，打土豪分田地实现了"耕者有其田"，但当时的农民实际上还属于传统小农。经历互助组、初级社、高级社，发展到"人民公社"，奠定了中国特色的农村土地集体所有制基础，同时也形成了农民群体，生产队长、大队干部、公社领导是农村集体经济组织的经营管理者，"社员"则是农村集体经济组织的劳动者，成为失去经营职能的职业劳动者。改革开放以后，全面推行联产承包责任制，中国农民又回归传统小农身份，但随着改革的深化和开放程度的不断提高，农民必须面对市场承担市场风险和市场责任，农村家庭成为自主经营、自主决策、自负盈亏的经营实体，这种变化同时也推动着传统小农向理性小农的过渡：面对市场、承担风险、扩大交流圈，初步具备了市场理性和经营意识。目前，我国积极构建中国特色的职业农民制度，未来的理性小农，就是面对大市场组织农业生产和销售的生产经营者，他们经营适度规模的家庭农场或农民专业合作社，应该属于生产经营类新型职业农民，也是实用技能型农业人才的组成部分（图2-17）。

图2-17　传统小农向理性小农的转型升级

（二）实用技能型人才与农业劳动者大军

"互联网+"现代农业时代，需要一大批高素质的农业劳动者奠定现代农业人力资源基础，主体就是新型职业农民，他们是实用技能型农业人才的主体。新型职业农民是指具有科学文化素质、掌握现代农业生产技能、具备一定经营管理能力，以农业生产、经营或服务作为主要职业，以农业收入作为主要生活来源，居住在农村或集镇的农业从业人员。与传统农民比较，新型职业农民的基本特征是职业化、专业化、层级化、多样化。在这里，职业化强调农民不再是一种身份，而是一种职业，是一种体面的职业；专业化表明新型职业农民是专业化的农业商品生产者，可以分为生产经营型、专业技能型、专业服务型三大类；层级化是根据其技术水平、技能熟练程度、经验丰富程度和技术创新能力等，分为初级技能、中级技能、高级技能、技师、高级技师五个层次；多样化是指新型职业农民包括农业从业者、农业经理人、农业经纪人、农艺工匠、农村文化能人、农业文化遗产传承人等。职业分类是指以工作性质同一性为基本原则，运用科学手段对就业人员的职业岗位进行分类的工作过程或分类体系[16]。

（三）职业资格证书制度

国家职业资格证书制度是指按照国家制订的职业技能标准或任职资格条件，通过政府认定的考核鉴定机构，对劳动者的技能水平或职业资格进行客观公正、科学规范的评判和鉴定，对合格者授予相应等级的国家职业资格证书。根据人力资源与社会保障部规定，国家职业资格分为五个等级：高级技师、技师、高级技能、中级技能和初级技能，分别对应为一级、二级、三级、四级和五级。其中一级和二级为技术级，三级、四级、五级为技能级（表2-2）。我国现行职业分类情况可以在人力资源与社会保障部网站的"职业分类目录"中进行查询和检索，现行职业分类标准为8大类、66个中类、413个小类、1838个细类。其中，第五大类农林牧渔水利业6个中类，30个小类，121个细类。

表 2-2　　　　　国家职业资格证书制度的层级化技能标准

五级 （初级技能）	能够运用基本技能独立完成本职业的常规工作
四级 （中级技能）	能够熟练运用基本技能独立完成本职业的常规工作；并在特定情况下，能够运用专门技能完成较为复杂的工作；能够与他人进行合作
三级 （高级技能）	能够熟练运用基本技能和专门技能完成较为复杂的工作；包括完成部分非常规性工作；能够独立处理工作中出现的问题；能指导他人进行工作或协助培训一般操作人员
二级 （技师）	能够熟练运用基本技能和专门技能完成较为复杂的、非常规性的工作；掌握本职业的关键操作技能技术；能够独立处理和解决技术或工艺问题；在操作技能技术方面有创新；能组织指导他人进行工作；能培训一般操作人员；具有一定的管理能力
一级 （高级技师）	能够熟练运用基本技能和特殊技能在本职业的各个领域完成复杂的、非常规性的工作；熟练掌握本职业的关键操作技能技术；能够独立处理和解决高难度的技术或工艺问题；在技术攻关、工艺革新和技术改革方面有创新；能组织开展技术改造、技术革新和进行专业技术培训；具有管理能力

（四）新型职业农民培育体系

近年来，我国逐步形成了具有中国特色的新型职业农民培育体系。新型职业农民的培育对象，包括初中毕业生、青壮年农民、农业创业者，承担新型职业农民培育的实施主体包括各级各类农林院校、农业广播电视学校和社会力量培训机构（包括各类农民专业合作社、现代农业企业和社会培训机构等），分类培养生产经营类、专业技能类和专业服务类新型职业农民。据估算，中国农业领域需要培育 3000 万生产经营型职业农民、6000 万专业技能型职业农民、1000 万专业服务型职业农民，奠定未来 1 亿中国农民、3 亿农村居民的基本格局。新型职业农民培育所依托的教育资源支撑系统包括远程教育体系、农林院校、农业科研机构、农技推广体系的教育教学资源[17]，具体的教育教学实施系统包括基本办学条件、实践教学基地、现场课堂和现代信息平台（图 2-18）。

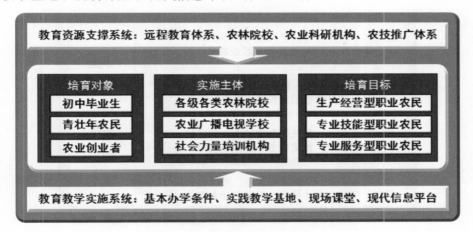

图 2-18　新型职业农民培育体系

（五）职业农民制度愿景

中国特色职业农民制度，是由新型职业农民培育制度、职业资格证书制度、职业准入制度和劳动就业制度共同构建的制度框架体系。其中，新型职业农民培育制度依托新型职业农民培育体系和新型职业农民培育策略，加速新型职业农民培育，建设高素质现代农业从业人员队伍；职业资格证书制度则依托国家职业资格证书制度，构建新型职业农民的层级化体系；职业准入制度包括劳动准入制度和执业资格制度。劳动准入制度是指从事农业生产的劳动者，必须具有初级工及以上的职业资格证书；执业资格制度是指家庭农场、农民专业合作社、农业企业的经营者，必须具有中级工的职业资格证书或其他执业资格证书；劳动就业制度是为具有劳动能力的公民提供劳动和工作单位的制度，我国实行国家促进就业、市场调节就业、劳动者自主择业和保障劳动者权益的市场就业新机制。近年来，我国依托新型职业农民培育体系，全面实施新型职业农民培育策略，积极培育一大批职业化、专业化、层级化、多样化的农业劳动者大军，逐步构建由新型职业农民培育制度、职业资格证书制度、职业准入制度和劳动就业制度构成的中国特色职业农民制度框架（图 2-19）。

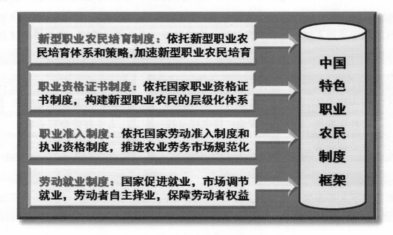

图 2-19　中国特色职业农民制度框架

（六）实用技能型农业人才培育与理性小农经营农业

对接国家新型职业农民培育体系，实用技能型农业人才应该包括三类：生产经营类实用技能型农业人才经营家庭农场或农民专业合作社，专业技能类实用技能型农业人才从事农业产业链中某项或某类专业技能工作，专业服务类实用技能型农业人才从事农林牧渔服务业的某项或某类服务性工作。实用技能型农业人才培养应遴选具有现实型、传统型人格特质倾向的培养对象，他们关注细节，具有较强的动手能力，平凡的职业心理，通过学校培养和师徒传承，形成娴熟的劳动技能、稳定的职业心理、内化的工匠精神和超凡的敬业意识（图 2-20）。

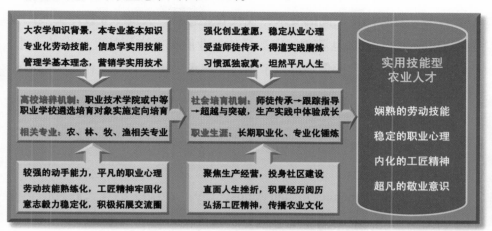

图 2-20　实用技能型农业人才培养与理性小农经营家庭农场

家庭农场的持续发展，必然要面对一个现实问题，第一代创业积累下的固定资产和基础设施，是家庭农场持续发展的物质基础，基于农村土地集体所有制的宏观政策环境下，第一代创业可能要面临以下现实问题：一是长期经营家庭农场积累的固定资产，尤其是地面构筑物等附着于土地之上的投资，到自己退休不再经营家庭农场时，可能无法取得合理回报；二是对于投资较大、受益期长的基础设施建设或土壤改良措施等，基于眼前利益最大化和无法保障长期获利等原因，不愿意过多投入或不投入，不利于家庭农场的健康、可持续发展；三是农产品的品牌资源和经营主体的商业信誉，需要长期定向培育，可能由于受益有限性而缺乏投入动力。为此，应考虑有序培育经营家庭农场的理性小农，即针在现有家庭农场主的子女或近亲属中遴选培育对象，依托中等职业教育或职业技术学院的教育教学资源实施学历教育，依托师徒制选派学生（或学员）到管理水平较高的家庭农场顶岗实习，再在独立经营家庭农场的实践磨炼中体验成长，培育具有娴熟的劳动技能、强烈的创业意愿、稳定的职业心理、较强的管理能力的"农二代"理性小农来经营家庭农场，他们是生产经营类实用技能型农业人才。与此同时，农业的规模化、专业化、信息化、标准化发展趋势，对农业劳动者提出了更高的要求，现代农业急需一大批专业技能类实用技能型农业人才，同时也需要一定数量的专业服务类实用技能型农业人才，对实用技能型农业人才培养提出了更高的要求，也是开发农村人力资源的重要方向。

第三节　内源驱动力

夸美纽斯（Comenius Johann Amos，1592—1670）的《大教育论》催生了公共教育事业，推进了教育教学从师徒制到班级授课制的发展历程，提高了教育效率，拓展了公共教育资源的受益面。牛津大学的导师制实现了班级授课制与师徒制的结合（本质上说，导师制是师徒制的衍生物），与学分制一起共同奠定了现代大学制度基础[18]。人类文明进入知识经济时代，如何在教育公平、教育效率、教育效益、教育效果等方面求得更高层次的统筹和升华，成为全球教育教学改革的深水区。事实上，人才培养改革已成为教育三要素（受教育者、教育者和教育中介）的共性需求。

一、受教育者：个体社会化与职业生涯

（一）个体社会化与人类发展生态学

个体社会化是指个体在与社会相互作用中，将社会所期望的价值观、行为规范内化，获得社会生活所需要的知识和技能，以适应社会变迁的过程。对于社会而言，全体社会成员的社会化过程是文化得以延续的手段；对于个体而言，个体社会化是个体被社会认同、参与正常社会生活的必要途径。个体社会化具有终身持续性、社会强制性和个体主动性等特点。社会生活中的人，实质是自然属性与社会属性的统一体。其中社会属性居主导地位。人类社会的发展，要求每一个公民都成为具有一定体力、智力和思想品德，适应社会生产力及生产关系发展水平的合格的社会成员。

布朗芬布伦纳（U. Bronfenbrenner，1917—2005）是美国著名的人类学家和生态心理学家，他在 1979 年出版了《人类发展生态学》一书，提出了著名的人类发展生态学理论，指出了环境对于个体行为、心理发展有着重要的影响。在阐述理论的同时，布朗芬布伦纳介绍了人类发展所涉及的几个关键性环境因素，即家庭、学校和社会因素等，并对它们之间的关系进行了深入分析，指出个体发展过程中并非是孤立地存在，而是能动地与周围环境相互依赖、相互作用、相互影响，正是在这种相互联系和相互作用中，个体才得以实现自身的发展。布朗芬布伦纳认为，个体的发展与周围环境之间相互联系构成了若干系统，即微观系统、中介系统、外在系统和宏观系统。个体社会化是个体在与社会相互作用的过程中，将社会所期望的价值观、行为规范、生产生活技能内化，获得社会生活所需要的知识和技能，以适应社会变迁的过程。简单地说，个体社会化是刚出生的自然人，接受家庭教育、学校教育和环境影响（社会教育），通过自我定位、发展策略、反馈修正来提升个体的智商（IQ）、情商（EQ）和德商（MQ），发展成具有理性世界观、积极人生观、主流价值观的社会人（图 2-21）。

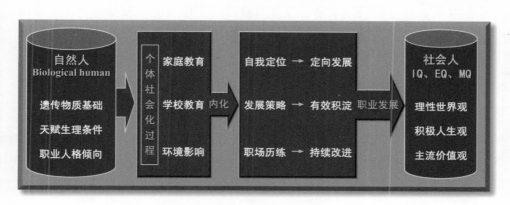

图 2-21　个体社会化：从自然人到社会人的发展

（二）职业发展优势区与个体职业发展

美国约翰·霍普金斯大学心理学教授霍兰德（John Holland，1929—

2015）的职业人格理论，指出了不同个体具有不同的职业发展优势区，并明确有研究型、艺术型、社会型、企业型、实际型、常规型 6 种职业人格倾向，个体的职业选择如果与其职业人格倾向一致或接近，可望获得更有效的职业发展[19]。理性分析卓越农林人才教育培养计划的三类卓越农林人才，拔尖创新型指向培养科技创新人才，应遴选具有研究型或艺术型职业人格倾向的受教育者；复合应用型指向培养高素质管理人才，应遴选具有社会型或企业型职业人格倾向的受教育者；实用技能型指向培养高素质的农业劳动者，应遴选具有实际型、常规型职业人格倾向的受教育者。当然，这是一种理想化的设计，实际操作中受教育机构所属教育层次（如职业教育领域目前还不具备培养拔尖创新型人才的条件）、本专业办学规模（办学规模太小不便于实施分类培养）、受教育者个人意愿或家庭意志等诸多因素的影响。

二、教育者：教师服务职能与职业发展

教师是人类社会最古老的职业之一。在教育实践活动中，教师通过与学生互动，建立起特定关系，发挥着自己的角色功能。教师角色不只是向学生传授知识，而是要根据学生的发展实际及教育目标，在特定的环境中采用特定的教学方法，通过特定的途径来促进学生成长。可见，教师的基本职能是服务于学生健康成长，加速学生个体社会进程。教师在教育实践活动中的职业成就感，主要源于学生的成长，即人才培养质量。因此，如何提高教育教学效果，是教师毕生探索的重大课题。教师或教育工作者通过个性化的教育教学改革实践或体系化的教育教学模式改革，意图提升人才培养质量，通过实践检验其在加速学生个体社会化进程方面的实际效果，实现教师在教学实践中的教、学相长自我提升过程，同时也促进教师形成职业成就感，促进教师的职业发展（图 2–22）。

图 2-22　教学相长与教师职业成就感的形成机制

三、教育中介：内涵式发展与责任担当

（一）农林院校的内涵式发展

农业转型呼唤教育教学改革。21 世纪进入知识经济时代，不仅国与国之间合作不断增强，同时竞争也越演越烈，这种竞争集中体现在人才资源竞争。人才培养的主要基地是大学，纵观当今世界前 100 所顶尖高校排名，美国高校稳居第一，获得世界权威科学奖和世界顶尖工程师奖人数也位居第一。近百年来，中国高等教育历经坎坷，源于清末的近代高等教育自发式发展，历经国民党时代的数度改造、新中国成立后学习苏联模式、"文化大革命"期间的动乱、改革开放后的逐步规范、世纪之交的超速扩招，取得了在校本科生专科生人数位居世界第一的显著成就，但在人才培养质量方面不容乐观。2007 年开始，教育部提出中国高等教育事业发展从数量扩张转向质量提升，内涵式发展成为高等学校的热门议题。在转变农业发展方式、推进农业供给侧结构性改革、实施乡村振兴战略、加速现代农业建设的新时代背景下，农林院校的内涵式发展，首要任务是要适应农业发展转型升级需要，农业不再是铁犁牛耕肩挑背扛、作物学研究不再是"数数量量"，必须在人才培养模式、人才培养机制、人才培养过程、课程体系、

实践教学体系、教育教学方法等方面开展全方位改革，促进农林院校内涵式发展。

（二）教育行政部门的责任担当

公共政策的价值取向。公共政策是指国家或地方政府通过对资源的战略性运筹，以协调经济社会活动及相互关系的一系列政策的总称。高等教育领域的公共政策价值取向，核心是促进教育事业发展，在教育公平、教育效率、人才培养质量等方面综合权衡，通过出台和执行公共政策实现资源优化配置。事实上，目前各级教育行政部门非常重视教育教学改革，通过教育研究与教学改革项目、人才培养改革实践项目（如专业综合改革、卓越农林人才教育培养计划等）、质量工程建设项目（如精品课程、MOOC、大学生实践教学基地等）、战略性项目（如"211 工程""985 工程""2011 计划""双一流"建设）等，推进高等学校广泛开展人才培养改革实践，不断提升中国高等教育质量。公共政策是普适性的，高校办学是个性化的，教育行政部门的公共政策主要体现为导向作用。对于高等农业院校而言，呼应转变农业发展方式、国家粮食安全等战略性需求，作物学人才培养改革应该成为急待推进的标杆性项目。

第四节　行业驱动力

现代农业是一个与时俱进的概念，是不同时代人们所奋斗的农业发展目标状态。"互联网 +"现代农业是"互联网 +"时代的农业发展目标状态，是用现代工业装备、现代科学技术武装、现代组织管理方法来经营的社会化、商品化农业，是在可持续发展理念支撑下的现代产业。

一、现代农业发展态势

中国传统农业具有低能耗、无污染、无废物等特征，在现代农业探索实践中仍然具有非常重要的作用[20]。依托绿肥、有机肥补充农田土壤养分和有机质，维持地力常新壮是传统农业的法宝。用养结合的种植制度是我国传统农业的重要特色，间、混、套作实现"地上三层楼、地下三层根"，提高光热资源、土壤养分利用率和利用效率；多熟种植实现了周年资源高效利用；复种轮作体系中合理安排用地作物、养地作物和用养结合作物[21]，提高整体效益；桑基鱼塘、稻鱼共生系统、稻鱼鸭复合系统等全球重要农业文化遗产体现了非凡的智慧，仍具有很大的发展空间。

20 世纪 80 年代开始，我国掀起了轰轰烈烈的生态农业运动，广大农民、农村基层干部和农业科技工作者积极探索，形成了一系列的生态农业技术，包括立体生产技术、腐生动物养殖利用技术、食物链加环技术、沼气利用技术等，同时也探索出一系列的生态农业模式或生态农业体系，如南方猪沼果能源生态模式、北方"四位一体"能源生态模式、西北"五配套"能源生态模式等，这些生态农业技术和生态农业体系都是现代农业的重要支撑技术。

循环农业是运用物质循环利用原理和能量多级利用技术，实现无污染、无废物的清洁生产和农业资源高效利用的农业生产方式。农业多功能性是循环农业的理论基础，多功能农业是现代农业的探索方向之一。近 30 年来，我国农业界积极探索循环农业，并逐步衍生出循环农业工程模式。循环农业在一个生产经营实体内实施，也可以形成区域经济发展模式。近年来，我国积极发展多种形式的新型农业经营主体，如何将各具优势的新型农业经营主体有效地组织起来，形成一定区域内的种养大户、家庭农场、农民专业合作社、现代农业企业分工合作的区域化循环农业发展模式，是构建现代农业产业体系、生产体系、经营体系的重要方向（图 2–23）。

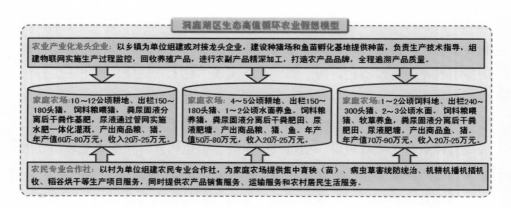

图 2-23 洞庭湖区生态高值循环农业假想模型

都市农业较充分地体现了农业多功能性：经济功能方面，表现为高投入、高产出、高效益；社会功能方面，能够吸纳劳动力就业，促进社会稳定；政治功能方面，都市农业是城市菜篮子工程的基础和民生保障的重要途径；教育功能方面，实现农耕文明、科技文化、生态文明等多样化的文化传播，为城镇居民、中小学生提供多样化、多途径的文化体验；此外，都市农业通过绿色、生态、环保理念传播和资源节约、环境友好的清洁生产实践，为城镇居民提供多样化文化消费要素和美学陶冶环境，为城市生态系统提供生物多样性保护机制，有利于城市环境修复与改善，现代都市农业还衍生出休闲、康养和乡村旅游等新型消费业态。

农业现代化是指从传统农业向现代农业转化的过程或手段。新中国成立初，我国提出农业机械化、电气化的农业现代化发展目标，到 20 世纪 80 年代，反思石油农业的问题，呼应国际替代农业运动思潮，我国提出了生态农业发展道路。在"互联网+"时代，依托农业物联网、大数据、云计算、互联网和移动互联网等技术支撑，明确了现代农业的发展方向，数字农业、精准农业、智慧农业等探索实践，正在颠覆人们对农业的传统印象（图 2-24）。

图 2-24 大数据、物联网、云计算在农业生产中的应用

二、"互联网+"现代农业

（一）数字农业：农业大数据资源基础

数字农业是将信息作为农业生产要素，用现代信息技术对农业对象、资源环境和生产过程进行数字化表达、可视化呈现、信息化管理、智能化控制的现代农业。目前，我国全力推进数字农业建设，利用物联网监测、遥感监测、面板数据采集等现代信息技术手段，加速农业大数据资源的采集、传输、整理、分析和应用（图 2-25）。2017 年农业部印发《关于做好2017 年数字农业建设试点项目前期工作的通知》，积极探索数字农业技术集成应用解决方案和产业化模式：①大田种植数字农业。重点建设北斗精准时空服务基础设施、生产过程管理系统、精细管理及公共服务系统。②设施园艺数字农业。重点建设温室大棚环境监测控制系统、工厂化育苗系统、生产过程管理系统、产品质量安全监控系统、采收后商品化处理系统。③畜禽养殖数字农业。重点建设自动化精准环境控制系统、数字化精准饲喂管理系统、机械化自动产品收集系统、无害化粪污处理系统。④水产养

殖数字农业。重点建设在线监测系统、生产过程管理系统、综合管理保障系统、公共服务系统[22]。

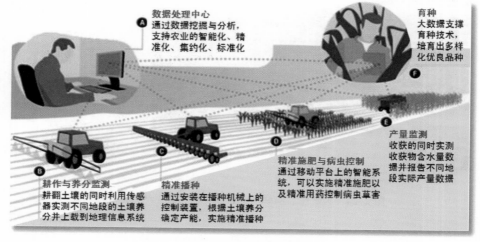

图 2-25 数字农业建设的基本内涵

（二）精准农业：资源节约与环境友好的探索实践

国外学者将农业划分为四个时代：传统农业称为农业 1.0，工业时代的机械化集约农业称为农业 2.0，基于资源节约、环境友好和投入品高效利用的精准农业称为农业 3.0，基于人工智能的未来智慧农业称为农业 4.0。数字农业建设是精准农业和智慧农业实践探索的基础和前提，精准农业必须依据于数字农业建设的数字信息资源基础。所谓精准农业，是以信息技术为支撑，根据空间变异，定位、定时、定量地实施一整套农事操作与管理的农业生产管理系统。精准农业重视资源节约和环境友好，关注农业投入品的使用效率和效益，是在农业资源环境本底状况的数字信息资源基础上，根据农业生物生长发育需求，精量、准确使用农业投入品，实现资源节约、环境友好和资源高效利用。

精准农业的具体内涵，可以概括为以下四个方面。第一，实现营养供给精量化，植物生产应根据土壤供给情况和农业植物的需求量，研发精准播种、精准施肥、精准灌溉、水肥一体化技术等；养殖领域则应研发根据动物生长发育阶段的差异化配方和差异化日粮标准，或研发能自动生成个性化配方和日粮标准的专家系统。第二，实现环境控制精准化，智能温室和设施养殖通过农业物联网和自动控制系统，实现环境控制精准化，使温度、湿度、光照等环境要素处于农业生物生长发育的最适范围；露地生产依托传感技术、遥感技术、物联网技术和地理信息技术，实施基于环境精准调控的农艺措施。第三，实现过程控制精准化，根据农业生物的生长发育进程和资源环境要素的动态变化，实时生成基于精准化过程控制的农艺措施体系并自动实施，同时根据实施效果的实时监测情况，实施随动精准化调控优化方案。第四，实现农事作业自动化，推进农艺、农机技术融合，研发自主作业农业机械和轻简化农艺技术；加速人工智能技术和智能机器人的研发和应用，研发针对特定任务的农业机器人和农业专家系统，全面提升农业智能化、自动化水平（图2-26）。

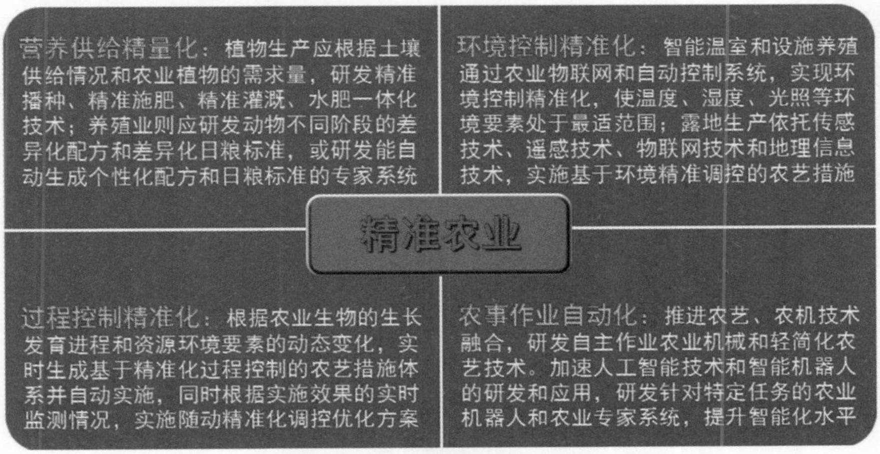

图 2-26　精准农业概念范畴

精准农业是在全面掌握农业资源环境和生产过程的数字信息的基础上，实现农业投入品的精准控制和农事操作的一体化作业，全面提升资源利用率和劳动生产率。目前，精准农业已成为全球农业探索的新热点，在精量播种、精准施肥、精准施药、水肥一体化技术等领域已取得突破性进展，不少成果已广泛应用于农业生产实践。

（三）智慧农业：农业现代化的发展方向

农业现代化是一个与时俱进的概念，不同时代、不同科技水平和现实社会条件下的农业现代化目标不同。20世纪50年代，我国将农业机械化、电气化定位为农业现代化发展目标；20世纪80年代反思发达国家的石油农业所带来的问题，我国提出走生态农业道路；目前我国农业现代化的目标重新定位为：产品安全、产出高效、资源节约、环境友好。从技术层面分析，农业现代化不再是简单的机械化，应该朝农业自动化、智能化方向发展。

智慧农业广泛使用人工智能技术，是实现农业精准感知、自动控制和智能决策管理的现代农业新范式，是农业现代化的基本技术方向。近年来，图像识别、声音识别、自然语言处理等方面的人工智能成果，使人类为之兴奋；农业传感技术、农业遥感技术、农业物联网技术、农业大数据处理技术和云服务平台的迅速发展，为智慧农业探索奠定了良好的基础，智能感知、智能分析、智能预警、智能决策、智能控制是智慧农业的基本特征，精准化种养、可视化管理、智能化决策、机械化作业、自动化控制是智慧农业的目标状态。当然，智慧农业的美好前景还需要全人类的共同努力和通力合作（图2-27）。

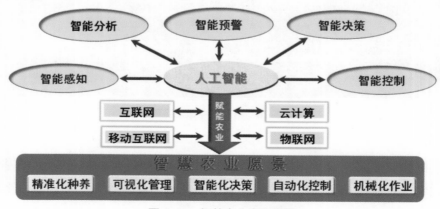

图2-27　智慧农业发展愿景

三、生态智慧农业发展愿景

未来农业的发展方向，既要体现以现代信息技术和现代通信技术为依托的智慧农业，更需要基于可持续发展理论和生态思维的生态高值循环农业，因此，可以设想未来农业发展必然融合生态高值循环农业和智慧农业，权且称之为生态智慧农业（图2-28）。设施农业、生态农业、循环农业、多功能农业等领域已形成了很多优秀成果，数字农业建设、精准农业实践、智慧农业探索也粗具规模，未来农业发展不可能只考虑某一方面的因素，而是应该整合基于现代信息技术支撑的智慧农业与基于可持续发展理念和生态思维的生态农业，走生态智慧农业发展道路。生态智慧农业是依托现代工业装备技术、现代农业农艺技术、现代信息技术、现代通信技术支撑，推进农村第一、二、三产业协同发展，生产生活生态功能融合，推行农业数字化经营和智能化管理，实现产出高效、产品安全、资源节约、环境友好的现代农业发展模式。简言之，生态智慧农业就是高度体现生态思维和人工智能的现代农业新范式。遵循客观事物的变化发展规律，农业发展演化过程也是一种从低级到高级的递进式发展过程，未来发展是在现有成果基础上的提升或升级。

图 2-28　现代农业新范式：生态智慧农业

生态思维是生态智慧农业的灵魂：老庄哲学的"道法自然"体现了朴素的生态思维；我国传统农业精华体现了资源生态位合理利用的生态思维；生态农业、循环农业、多功能农业的实践探索体现了发展无污染、无废物的清洁生产的生态思维。生态智慧农业的生态思维，是以人与自然和谐协调的生态自然观为指导，以环境价值论为导向，以农业可持续发展为目标，坚持生态系统观、整体全局观，科学组织和运作农业生产经营（图2-29）。

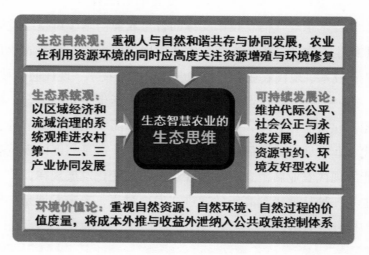

图 2-29　生态智慧农业的生态思维

人工智能在生态智慧农业的应用，至少包括以下四个方面：一是智能感知，实现对农业资源环境、农业生产过程和农业生物响应情况等的智能监测；二是智能分析，利用智能感知数据资源和基于云计算的大数据分析系统实现智能分析；三是智能决策，利用智能分析数据和基于神经网络的农业专家系统实现农业生产经营活动的智能决策；四是智能控制，根据农业生产现场情况、农业生物生长发育规律和农事作业操作特征，利用具有自主行为能力的机器人，自主决策农艺措施并自主实施农事操作（图2-30）。

图 2-30　生态智慧农业的人工智能

　　生态智慧农业实践必须具有恰当的技术策略：一是基于资源禀赋的农业规划设计。无论是家庭农场、农民专业合作社还是现代农业企业，立足长期经营农业的经营实体，必须具有规划先行的意识，根据经营实体现实经营范围的资源禀赋和立地条件，做好规划设计，避免实施过程的重复建设和不必要的投资误区。二是基于资源节约的要素精量匹配。首先，实现资源节约要合理区分可再生资源和不可再生资源，对于光、热等可再生资源，应该尽可能提高利用率和利用效率；对于不可再生资源，则应坚持基于资源节约的精量匹配，在满足生产需求的前提下尽可能实现资源节约。三是基于环境友好的资源循环利用。环境友好必须在清洁生产的前提下，实现依托生产过程的环境治理和区域环境改善。在这里，清洁生产是前提，保证生产过程的无污染、无废物才能实现清洁生产。在清洁生产的大前提下，农业生产过程本身所蕴含的生产自净体系和污染物降解过程，为环境治理和生态修复提供了特殊条件，实现真正意义的环境友好。四是基于人工智能的综合服务平台。现代信息技术支撑的自动控制系统在国防和工业领域已得到卓有成效的应用，在农业农村的应用具有更广泛的空间。无论是生产经营实体的智能监测、远程控制，还是农产品质量安全的全程追溯，都已具备基本技术支撑条件，智能化集成服务平台建设是生态智慧农业发展的重要方向（图2-31）。

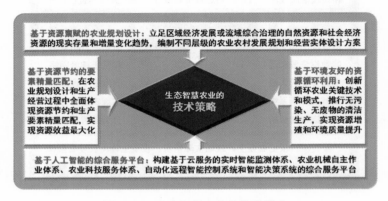

图2-31 生态智慧农业的技术策略

生态智慧农业具有非常美好的愿景，但生态智慧农业实践，在农业基础设施建设、信息化基础设施建设、智能化管理平台建设等方面需要大量投资和基础工作，必须依赖公共政策的强劲支撑，践行创新驱动战略和国际合作战略，广泛开展国际合作，构建利益联结机制和综合协同机制，完善生态智慧农业建设的宏观环境（图2-32）。

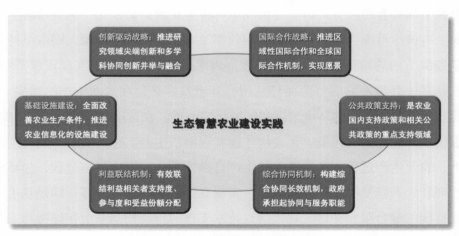

图2-32 生态智慧农业建设实践

第三章　卓越农业人才培养的理念创新

"理念"是看法、思想和思维活动的结果，是上升到理性高度的观念或行动指引。尽管对"教育理念"尚无明确定义，但并未妨碍人们的频繁使用，可见"教育理念"已被教育界广泛认同。卓越农业人才培养是高等教育普及化阶段的精英教育和改革试点，必须与时俱进地创新教育教学理念。

第一节　知识经济时代的人才培养转型升级

一、知识经济时代的标志特征

知识经济是以知识为基础、以脑力劳动为主体的经济。1997年12月，中国科学院提交了《迎接知识经济时代，建设国家创新体系》的报告。该报告提出了面向知识经济时代的国家创新体系，具体包括知识创新系统、技术创新系统、知识传播系统和知识应用系统。知识经济是以知识为基础、以脑力劳动为主体的经济，是与自然经济、工业经济相对应的一个概念，工业化、信息化和知识化是现代化发展的三个阶段。教育和研究开发是知识经济的主要部门，高素质人力资源是知识经济时代最重要的资源。

知识经济时代就是以知识运营为经济增长方式、知识产业成为龙头产业、知识经济成为新的经济形态的时代。知识经济时代至少具有以下标志特征：

（1）资源利用智力化。从资源配置来划分，经济社会发展必须依赖劳动力资源、自然资源、智力资源。知识经济是以科学、技术、工程不同层面的知识和智力支撑为基础的，节约并更合理地利用已开发的现有自然资源，通过智力资源去开发利用的自然资源。

（2）资产投入无形化。知识经济是以知识、信息等智力成果为基础构成的无形资产投入为主的经济形态，无形资产成为发展经济的主要资本。无形资产的核心是知识产权。

（3）知识利用产业化。知识密集型的软产品，即利用知识、信息、智力开发的知识产品所载有的知识财富，将大大超过传统的技术创造的物质财富，成为创造社会物质财富的主要形式。

（4）世界经济全球化。高新技术的发展，缩小了空间、时间的距离，为世界经济全球化创造了物质条件。全球经济的概念不仅指有形商品、资本的流通，更重要的是知识、信息等智力资源的流通。以知识产权转让、许可为主要形式的无形商品贸易加速发展。

（5）知识海量化与知识更新快速化。进入知识经济时代，知识在数量维度上呈现海量化趋势、在质量维度上呈现定向化趋势、在时间维度上知识更新呈几何级数加速度推进趋势。当代人类知识库所拥有的知识，如果全部实现数字化来表达，即采用计算机领域的字节来进行存储，完全可以形象地称为"海量知识"，并表现出明显的"大数据"特征：数据体量巨大、速度快、多样性、低价值密度和巨大的应用空间（图3–1）。

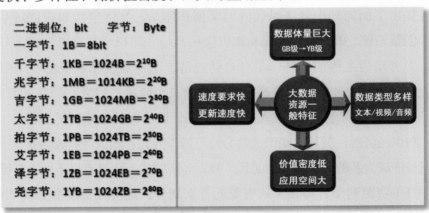

图3–1 信息的计量单位与大数据的一般特征

二、知识经济时代的人才需求特征

人类文明进入知识经济时代，对社会成员的知识水平和能力体系都提出了更高的要求，终身学习不再是一种追求，而是生活的本质内涵。

（一）面向目标的知识获取能力

传统方法下的人类学习过程，是一种知识感知、记忆、内化的过程，从而形成个性化的智力资源。农业社会时代，知识掌握在少数人手中，通过学习获得知识并提升能力，形成"学而优则仕"格局，也形成"知识就是财富"的社会认同。进入工业社会时代，人们日益认识到知识在推动经济社会发展中的巨大价值空间，高度重视科学技术和知识创新，"知识就是力量"的价值认同推进着公共教育事业的发展，教育成为传播知识、普及科学、推广技术的基本途径。在这种背景下构建的国民教育体系，教师通过传授知识体现自己的社会价值，学生通过学习知识提升综合职业能力，奠定未来的职业发展基础。随着知识在量上的迅速发展和知识更新速度的不断加快，人们发现光靠学校教育已不能适应经济社会对职业人的要求，从而提出了终身学习的理念：个体需要在职业生涯中不断学习来适应社会对职业人的知识要求。

对于知识经济时代的社会成员，不可能把所需要的全部知识采用记忆的方式融入脑海，善于巧妙利用现代信息化手段和工具获取知识，已成为当代人的重要能力，也是个体智力水平和智力资源的差别所在。面对海量知识和人脑"无能"，"互联网＋"时代提供了一系列的技术和手段来延伸人脑或强化人脑功能，这就是 Internet、大数据、云计算等现代信息技术。大量的知识、信息存储云端（云服务实际上是一种基于互联网的现代信息处理策略和手段），使云端成为全人类的知识存储公共空间，社会成员可通过多种途径来获取、利用、传输、处理海量知识与信息（图 3–2）。

云计算是基于互联网的现代信息处理技术体系；云服务是一种现代信息资源交互模式；云端已成为人类知识库的公共存储空间。

图 3–2　云端已成为人类知识库的公共存储空间

知识经济时代的人才培养，更应该关注知识获取能力的训练和提升，不管是拔尖创新型人才、复合应用型人才还是实用技能型人才，都必须具备更强的知识获取能力。高效率地获取知识和信息已成为新时代成功人士的基本素质，善于根据自己的发展目标或努力方向高效率地获取所需知识，就具有更强的智力资源支撑，在职业发展过程中就能具有更高的起点和潜力。

（二）面向效率的工具应用能力

（1）文明价值：工具进步是人类文明进步的重要标志。工具是人类器官的延伸，善于利用工具是人类文明进步的基础和前提。可以想象一下，如果一个300年前的成年人"穿越"到当今世界，不会使用电器设备无法生活，不会开车无法出行，不会使用电脑无法就业，真正是"没法活"了。工具发展是一种渐进式过程，某一时代的人总是很容易地能够学会使用当时的工具，但对已淘汰的工具必然无暇顾及，大清朝的男人善于犁田耙地、女人善于纶麻绩线纺纱织布，对于没见过的工具要学会实在不容易。50年前计算机属于高新技术范畴，只有科学家们才能使用，当今世界电脑已成为基本工具，互联网和移动互联网为人们的日常生活提供了极大的便利。

（2）任务分解：工具应用与工具研发的社会分工。在现代信息技术领域，要求软件开发者在任务目标中具有高智力投入，必须充分考虑不同用户可能出现的任何问题和全方位需求，使软件产品高质量地服务于用户。与此同时，软件开发过程中的假想用户是"傻瓜化"，即没有计算机知识背景和操作经验的人也能使用软件完成任务[23]。人类进入知识经济时代，一方面现代工具为人类服务的技术和水平越来越高，为我们的学习、生产、生活行为提供了极大的便利；另一方面，人类对现代工具依赖度越来越高，需要学习使用的工具越来越复杂，现代工具应用能力成为现代人的重要能力指标。为此，为了降低社会成本，当今世界已初步构建一种新的社会分工机制：工具研发者和工具生产者的目标是实现工具的价值和使用价值，对工具需要完成的任务及全部解决策略和技术手段，必须是高智力、高水平、高科技含量和持续改进的，相关人员必须是本领域的专家；工具进入市场以后，使用者可以是"傻瓜化"，即只需要付出最小的学习或熟悉时间成本就可以利用工具完成任务。以农林科技领域广泛使用的 SPAD502 为例，农业科技人员使用它可以进行叶绿素相对含量的无损快速检测，轻轻一夹植物叶片即可得到结果，从而了解植物生长发育状况。该仪器的技术原理是由一个红色 LED（峰值波长 650nm）和一个红外 LED（峰值波长 940nm）提供照明，检测对象（叶片）对 2 个 LED 光源的透射率可反映叶片的叶绿素含量水平，但涉及复杂的模拟信息转化为数字信息以及特定的数学模型。作为仪器使用者，农林科技人员并不需要完全学懂这些技术原理，花 2 分钟时间学会操作即可熟练使用。

（3）卓越农业人才培养的工具应用能力训练需求：随着经济社会的发展和科技进步的不断推进，对社会成员的能力要求也越来越高，现代工具应用能力和水平已成为个人生活和工作的必备技能。"互联网+"现代农业时代的卓越农业人才培养，必须与时俱进地加强现代工具应用能力培养。对于拔尖创新型农业人才而言，必须加强现代生物信息技术、高精尖仪器设备使用、农业物联网技术、农业遥感技术等方面的训练；对于复合应用型农业人才而言，要加强农业信息技术、大数据技术、云服务应用技术等方面的训练；对于实用技能型农业人才而言，应加强现代农业装备技术、现代农业材料技术、现代通信技术和现代信息技术训练，全面提升卓越农业人才的现代工具应用能力和水平。

（三）面向任务的知识组织能力

在知识海洋中遨游，必须具有高超的知识组织能力，即将面向具体任务的相关知识有效地组织起来，才能高效率地完成现实任务，实现任务目标。在现代经济社会体系中，任何一个团队完成特定目标任务，都需要面向目标任务分析知识需求和能力要求，再根据目标任务需求来组织团队，要求团队具有特定的知识结构和能力体系，并在此基础上利用云服务和传统媒体及现代多媒体等知识存储公共空间和私人空间，依托知识获取能力、知识组织能力、工具应用能力来提升团队整体水平，高效率地完成目标任务（图3-3）。

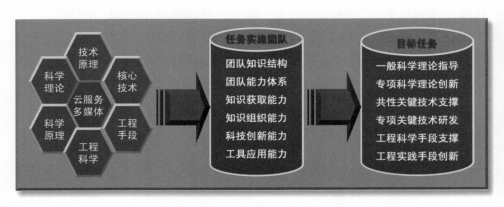

图3-3　面向任务的知识组织能力是实现任务目标的关键

三、知识经济时代的人才培养转型升级

在"互联网＋""中国制造 2025"、网络强国等战略背景下，必须开展知识经济时代的人才培养转型升级。中国高等教育即将进入普及化阶段，卓越农林人才教育培养计划是高等教育普及化时期的精英教育板块。针对现代农业生产的新要求和新特征，积极开展分类培养、连续培养、协同培养改革，更新教育教学理念，全面提升学习者的知识获取能力、知识组织能力和工具应用能力，跃入人力资源开发深水区。

（一）秩序重构：教育三要素重新定位

教育三要素中，受教育者是主体和服务对象，传统理念下的学生的任务是学知识，"好好读书"成为每个家长教育子女的高频词，知识经济时代的学生不再是简单的知识接收者，必须以知识为载体，在学习过程中提升知识获取能力、培养知识组织能力（思维训练）、训练工具应用能力。当然，不同层次的教育具有较大差异，体现为"小学生背书、中学生读书、本专科生看书、研究生翻书"，进入高等教育阶段的学习者，已具有较渊博的背景知识和较强的学习能力，"读书"不再是简单的知识感知、记忆、内化过程，更重要的是在于面向目标的知识获取能力提升、面向效率的工具应用能力训练和面向任务的知识组织能力培养。知识经济时代的教师不应是简单的知识传播者，他们服务学生，应该是思想品德导向者、人力资源开发者、心智潜能激活者，体现为"一流教授传理念、二流教授讲方法、三流教授教知识"，"好好学习"肯定能够"天天向上"，但"向上"的效率很大程度上取决于教师的水平和投入度。教育机构是教育资源提供者、教育活动组织者、培养质量监控者，是全部教育教学活动的实施平台（图3–4）。

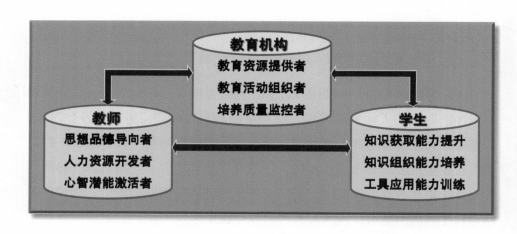

图 3-4　知识经济时代的教育三要素重新定位

（二）手段更新：计算机辅助教学与教育信息化

计算机辅助教学（Computer-Assisted Instruction，CAI）是在计算机辅助下进行的各种教学活动，以交互方式与学习者探索教学内容、实施教学进程、完成学习任务的方法与技术。CAI 是计算机科学、教育学、心理学、信息技术和具体专业领域等多门学科交叉应用形成的综合性技术。它既是一个十分广阔的计算机应用领域，又是一项重要的现代教育技术（图3-5）。近年来，现代教育技术迅速发展，从多媒体课件应用和普及，发展到微课（Microlecture）、私播课（Small Private Online Course，SPOC）、慕课（Massive Open Online Course，MOOC）等的广泛应用，为卓越农业人才培养提供了现代课程教学资源，各类虚拟仿真实验室（The virtual simulation laboratory）在生物学、作物学、动物学、林学等领域呈现出广阔的应用前景。卓越农业人才培养要重视加强教育信息化资源建设，更应善于利用这些现代教育资源提升人才培养质量。

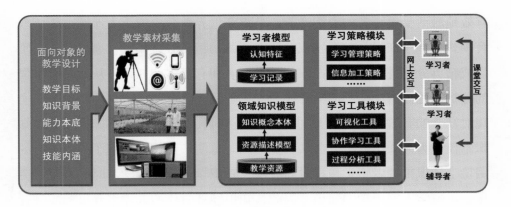

图 3–5　计算机辅助教学的运行机制

20 世纪 90 年代开始推行计算机辅助教学，20 多年来取得了令人瞩目的成绩，但 CAI 应用领域存在诸多问题：一是支撑技术发展迅速，应用领域难以跟上时代步伐。早期推广使用多媒体课件，可以大大提升教学素材呈现效果、减少教师板书时间耗费，但计算机领域提供的制作软件是不断发展的，专业教师在跟进专业领域发展动态的同时跟进教学软件的更新很困难。二是计算机辅助教学系统开发是典型的计算机专业技术人员与专业教师的跨学科合作，这种合作很难达到"无缝对接"状态，计算机专业技术人员不懂教学内容的表达需求和知识链之间的逻辑关系，专业教师不懂计算机的表达潜力和呈现特征，其间还涉及教育教学规律和学生心理特征与接受能力等因素。三是虚拟仿真实验室建设需要投入大量的人力、物力和财力来进行基础素材采集和知识模型、学习模型构建，图像、动画、音频、视频资源采集技术并不复杂，但面向教育教学目标的教学素材采集却是一个庞大的系统工程。近年来，已涌现一些专业化公司从事教学软件资源开发，他们可以组织不同领域专业开展深度合作，前景是十分乐观的。

（三）目标转向：知识获取能力、知识组织能力、工具应用能力

教育的目的是激活受教育者心智潜能，这已成为教育界的共识。如何

有效地激活受教育者的心智潜能，是贯穿世界教育史的重大课题。传统教育模式是基于知识是社会特权性稀有资源的精英教育模式，通过对特权阶层或精英分子进行知识传授，让受教育者拥有更多的知识，从而具有更强的分析问题和解决问题的实际能力，维护特权阶层利益或利用精英分子实现对社会的有效治理。人类进入知识经济时代，知识海洋高速更新，使知识不仅成为大众化资源或公共资源，同时也使知识传授遇到了前所未有的困境：知识传授者感觉传授时间有限，知识学习者感觉学习时间有限，穷尽一生也学不完想学的知识。因此，知识经济时代的人才培养目标应进行整体转向，知识的价值在于应用，学习知识的目的是为未来职业生涯奠定知识基础，知识是能力提升的载体，教育教学活动必须围绕学生的知识获取能力、知识组织能力、工具应用能力，来实施全方位的人才培养改革。为此，学生作为受教育者，应为知识获取能力提升、知识组织能力培养和工具应用能力训练定向吸取养分；教师应重视知识价值密度分析，重视克服思维惰性训练，重视对学生能力的定向教育和指导；学校应持续加强教育教学资源建设[24]，丰富硬件和软件资源，持续改进办学条件（图 3–6 ）。

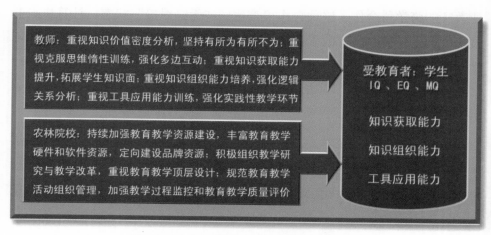

图 3–6　知识经济时代的人才培养目标转向

第二节 "互联网 +"时代的教育教学理念

一、科学定位教师职责

（一）重新定位教师职责

教育界普遍认为，好教师应体现在善于传授知识（当然教师自己应具有广博的知识），教学过程中重视教学内容组织和教学方法设计，具有高超的教学艺术，善于组织课堂教学，课堂秩序好。这些表述肯定是没错的，但深层次追究"好教师"个案，一是存在"好教师"形象标准导向问题，笔者多年随堂听课，发现一位年轻教师上课 45 分钟之内设问 11 次，每次学生都答不上来，询其原因，答曰："不是要求多开展师生互动吗？"二是存在"知识传授"目标导向问题，课堂秩序好，学生听得认真，当然知识传授目标实现度高，对于中小学教育而言，知识传授中心主义无可非议，但高校教师更应关注知识传授过程中的思维开拓，以及知识获取能力提升和知识组织能力训练，绝大部分高校教师都强调学生上课必须做笔记，笔记越详细越好，可以思考一下，为什么要记笔记？复制一下教师的课件不是更简单吗？传统教育时代，教师讲的新知识可能教材里没有，也没有其他途径可以获取，做笔记可以备忘。心理规律表明，做笔记的时候学生要分散注意力写字，淡化了教师的语言刺激效果，也无法思考教师语言表达中的知识链逻辑关系和关联知识联想，淡化了教学过程中的思维开拓职能。

高等学校的教师角色定位，至少不应该是简单地传授知识，而是应该在充分体现立德树人的基础上，准确定位教师职责。

第一，教师是学生的思想品德导向者。我们的教育事业是培养社会主义事业建设者和接班人，立德树人是教师的首要任务。2018 年 5 月 2 日，习近平同志在与北京大学师生座谈时指出："要把立德树人的成效作为检验学校一切工作的根本标准，真正做到以文化人、以德育人，不断提高学生思想水平、政治觉悟、道德品质、文化素养，做到明大德、守公德、严私德。要把立德树人内化到大学建设和管理各领域、各方面、各环节，做到以树人为核心，以立德为根本。"

第二，教师是社会的人力资源开发者。人体社会化是实现自然人向社会人的转变过程，主流的社会人应该是符合社会发展需要的全面发展的人，应具有一般生活技能和良好的综合职业能力。当代人的综合职业能力培养和形成主要依靠学校教育（不否认师徒传承的存在），学校教育是一种广义的职前教育，教育教学活动本质上是一种人力资源开发活动。人力资源开发目标，一是通过开发活动提高人的综合职业能力，使开发对象具有更强的从事某类职业所需要的知识和技能；二是通过开发活动增强人的活力或积极性，使开发对象具有更高的工作热情和投入意识。教师作为社会的人力资源开发者，教育教学活动应围绕提升学生的综合职业能力目标，以知识为载体，通过多样化的教育教学实践活动，提升学生的知识获取能力和知识组织能力，培养学生的积极世界观、人生观和价值观。

第三，教师是学生的心智潜能激活者。教育的本质是激活学生的心理潜能，而不是将知识强加给学生。因此，教师职责定位，首先要实现从知识传授中心主义向心智潜能激活和思维开拓转变。农业社会时代，知识就是财富，掌握了知识就意味着拥有财富，所以孔子周游列国不需要自备经费，孔乙己中举欣喜若狂；工业社会时代，知识就是力量（培根语：Knowledge is power），拥有知识就可以改造世界、征服世界；知识经济时代，知识是经济领域的生产要素，在教育领域则是心智潜能开发和思维训练的载体。知识在具体应用领域仍然是财富或力量，但面对知识海洋的教育教学活动，不可能穷尽知识教学生，只可能在有限的时间内通过知识传授让学生具有更强的知识获取能力和知识组织能力，通过知识传授开拓学生思维，激活学生心智潜能。

（二）教师形象塑造与师德师风建设

教师形象塑造，既是师德师风建设的内容，也是提升人才培养质量的重要途径。师德是教师职业道德的简称，它是教师和教育工作者在教育教学活动中必须遵守的道德规范和行为准则，以及与之相适应的道德观念、情操和品质。师风是教师行业的风尚风气，是教师群体在职责履行、人际交往、日常生活等社会活动中的总体表现。师德师风建设是教育界的永恒主题，高等学校更应重视师德师风建设，构建社会的榜样群体：教师应符合社会刻板印象和公众期望，研究生导师之所以称为"导师"，是因为要成为做人、做事、做学问的典范，学术大师更应该具有大智慧、大局观的大师风范（图 3-7）。

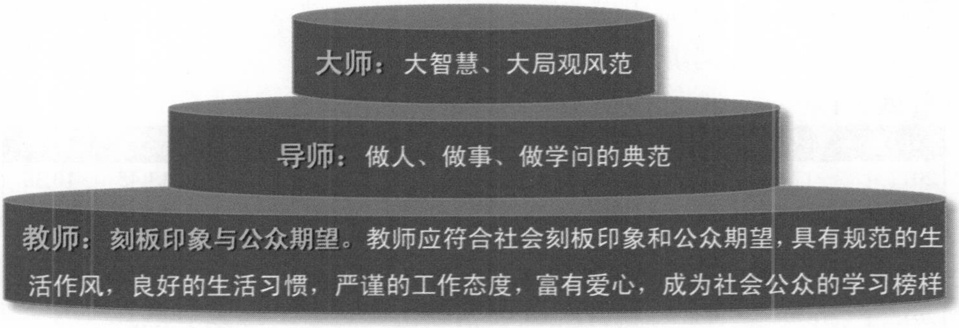

图 3-7　大学里的教师、导师、大师

（三）高校教师的现实困境

《孟子·尽心》有语云："穷则独善其身，达则兼善天下。"高校教师应该认真学习深刻领会，现实社会中很多教师因为没有做到"穷不失义"而出现"捞钱"现象，民间有说法："教授摇唇鼓舌，四处赚钱，越来越像商人；商人现身讲坛，著书立说，越来越像教授。"有钱了、富起来了真正做到"达不离道"兼善天下者为数不多，也有"大师"级权威专家为了功名利禄演绎学术不端和学术腐败，将学术资源转移给子女或近亲者。可见，师德师风建设任重道远，宣传教育是利器，自我修为是根本，但也不要让年轻教师太穷。

高校师德师风建设中存在一个现实问题，就是高校教师超负荷工作，忙则偷工减料，忙则无暇顾及质量。纵观中国近 42 年来各级各类学校的生师比变化（表 3-1），可以发现一些有趣的规律：一是纵向分析生师比的时间梯度变化，大学从 1977 年的 3.36 上升到了 2017 年的 17.52，这是中国高等教育数量扩张的"成果"，也是教育行政部门的导向（评估指标体系的合格生师比是 16）。42 年间中小学校的生师比则呈现明显的下降趋势，表明中小学校的师资队伍建设取得了可喜的成就。二是横向比较生师比，近年来表现为大学＞小学＞高中＞初中，这一规律难以解释。高校教师作为高等学校的主体成员，相伴大学承担人才培养、科技创新、社会服务与文化传承职能（中小学相对单纯地服务于人才培养），个人认为，这是造成高校教师超负荷工作的根本原因，也是导致教育教学活动中的偷工减料和无暇顾及教学质量的重要原因。

表 3-1 近 42 年各级各类学校的生师比

年份	小学	初中	高中	大学	年份	小学	初中	高中	大学
2017 年	17	12.52	13.39	17.52	1996 年	23.73	17.18	13.45	10.36
2016 年	17.1	12.41	13.65	17.07	1995 年	23.3	16.73	12.95	9.83
2015 年	17.1	12.41	14.01	17.73	1994 年	22.85	16.07	12.16	9.25
2014 年	16.79	13.61	14.37	16.65	1993 年	22.37	15.65	14.96	8.00
2013 年	16.78	13.65	14.94	16.45	1992 年	22.1	15.85	12.24	5.6
2012 年	17.36	13.59	15.47	17.52	1991 年	22	15.74	12.62	5.2
2011 年	17.71	14.38	15.77	17.42	1990 年	21.9	15.66	12.76	5.2
2010 年	17.7	14.98	15.99	17.33	1989 年	22.3	15.81	12.93	5.2
2009 年	17.88	15.47	16.3	17.27	1988 年	22.8	16.71	13.39	5.3
2008 年	18.38	16.07	16.78	17.23	1987 年	23.6	17.94	14.22	5.1
2007 年	18.82	16.52	17.48	17.28	1986 年	24.3	18.39	14.93	5.1
2006 年	19.17	17.15	18.13	17.93	1985 年	24.9	18.36	15.06	5.00
2005 年	19.43	17.8	18.54	16.85	1984 年	25.25	18.43	15.03	4.43
2004 年	19.98	18.65	18.65	16.22	1983 年	25.03	17.6	13.95	3.98
2003 年	20.5	19.13	18.35	17.98	1982 年	25.38	17.55	13.8	4.02
2002 年	21.04	19.25	17.8	19.01	1981 年	25.69	17.64	14.5	5.12
2001 年	21.64	19.24	16.73	18.22	1980 年	26.6	18.53	17	4.6
2000 年	22.21	19.03	15.87	16.3	1979 年	27.24	19.14	19.4	4.3
1999 年	23.12	18.17	15.16	13.37	1978 年	28	20.46	21	4.2
1998 年	23.98	17.56	14.61	11.62	1977 年	27.97	21.09	21.8	3.36
1997 年	24.16	17.33	14.05	10.87	1976 年	28.37	21.39	21.4	3.38

数据来源：国家统计局网站。

二、关注知识价值密度的知识传授理念

（一）知识价值密度的客观实在性

知识价值密度（The Value Density of Knowledge），是指等量知识的价值量大小。价值密度（Value Density）本来是一个经济学术语，含义是单位重量的商品所包含的价值量高低或平均社会必要劳动时间多少。现代信息技术领域将大数据的特征之一定义为低价值密度，是指一定单位的大数据资源相对传统的数值型数据或字符型数据所包含的实际信息量相对较少。知识属于信息范畴，在知识海洋世界里，知识也具有价值密度大小的问题。比方说，几何学知识对于木匠来说很重要，无论是房屋建筑还是制作家具，都离不开几何学知识，但对于铁匠来说，力学知识更重要，这就是知识价值密度的常识性认知。同样，对于植物生产类专业学生而言，植物学、植物生理学、农业气象学等知识具有较高的知识价值密度，但对于动物生产类专业学生则动物学、解剖学等知识具有更高的知识价值密度。

人类知识库还没有知识量化指标，信息时代可以将知识实现数字化表达，知识本体采用数字化表达所呈现的存储量，可以用来作为知识本体的量化指标，即知识本体数字化表达后的字节数（Byte、KB、MB、GB 等）。当然，这种知识本体的计量方法还存在许多问题，例如，同一知识本体采用文字、图形、音频、视频等不同的表达媒介，得到的数字化表达信息存储量差异很大。解决了知识本体的计量问题，还需要考虑知识本体的价值计量，也就是说等量知识到底有多大价值，这个问题更复杂，同样的知识对不同使用者或在不同领域表现出的价值大小差异很大，不可能进行统一度量，但可以按照通用性知识、专用性知识、领域性知识来实施分类计量。

虽然知识价值密度目前无法实现量化表达，但定性分析是客观存在的，即某一知识点的重要性、教师授课时的重点难点、教学内容的取舍等，本身就包含了知识价值密度的经验判别。进行知识价值密度定性分析，可以

称为知识价值密度判别，至少应具有三种意识。

（1）知识创新：知识价值密度本体差异。在知识创新领域，当前的国家重点研发计划项目是解决"国家急需"的重大理论问题或关键技术的战略需求，其创新成果无疑具有更高的知识价值密度。某种意义上说，SCI（Science Citation Index）是科学引文知识价值密度的一种参考度量指标，但近年来的SCI导向也存在一些偏差，发明、发现是对人类知识库的贡献，但这种发明或发现的实际应用价值差异难以度量。知识创新领域的知识价值密度判别，应重点考察其对于经济社会的贡献度，包括科技贡献度和产业贡献度。例如，农作物分为粮食作物、油料作物、纤维作物等，纤维作物中的黄麻、红麻主要用于制作麻袋和麻绳等传统用具，目前已基本被化学纤维替代，如果再花很大的人力、物力、财力研究黄麻、红麻栽培技术，尽管同样丰富了人类知识库，但实际价值可想而知。

（2）知识获取：不同学习者的知识价值密度差异。对于不同学习者而言，同种或同类知识存在知识价值密度差异。从个体社会化的角度分析，知识在不同学习阶段表现出知识价值密度差异，应选择本阶段必需的具有更高知识价值密度的知识。目前我国存在的学前教育小学化、小学教育负担过重等问题，是有悖幼儿心理发育规律的，在幼儿阶段填入大量知识信息，占据大脑皮质的记忆区，抑制人脑的思维活动区，不利于其后续阶段的教育和创新能力培养。在我国现行高考制度下，高中阶段实行文理分科，本意是基于知识价值密度判别意识使学生定向积累知识，为大学教育奠定一定的基础，但实际效果不佳；近年来推行高考改革，将语文、数学、英语定为统一高考科目，思想政治、历史、地理、物理、化学、生物六科高中学业水平考试成绩中自主选择3个科目的成绩计入高考总分，这种改革给高校招生带来了一定困惑，实施效果有待检验。在高等教育领域，最典型的是自然科学与人文社会科学领域的差异，对于自然科学类学习者，必须强化自然科学领域内本专业的相关知识的学习，这类知识是构建本专业知识结构的必备知识，与未来职业发展关联度更高的知识就具有更高的知识价值密度。正是基于知识价值密度的感性认知和定性分析，形成了专业人才培养方案和课程教学内容体系等基本教学规范。

（3）知识应用：不同任务的知识价值密度差异。面对生产实践中的实际应用和具体任务，也表现出知识价值密度差异。第一，同种或同类知识在不同应用领域表现出不同的知识价值密度。例如，勾股定理对于木匠很实用，对于铁匠的实际意义不是很大。第二，不同知识在同一应用领域具有不同的知识价值密度。在粮食生产领域，谷物籽粒形成和营养物质运输的知识很重要，总生物量形成和秸秆组分等知识重要性相对较低，从而体现知识价值密度差异。

（二）教师应具有知识价值密度判别理念

提出知识价值密度概念的目的，在于强调客观上存在不同知识对不同个体或不同领域具有不同的价值量大小，并不需要仔细计算知识价值密度，而是要求教师应具有知识价值密度判别理念，教师必须将知识价值密度判别理念贯穿于教育教学实践活动之中，才能在有限的教学时间内实现更好的人才培养效果。

1975年上映过的影片《决裂》中有一个情节，一位教授花了大量的时间讲述"马尾巴的功能"，编剧和导演的创作目的在于说明马尾巴固然有很多功能，但对于学习者来说，马尾巴的功能不是学习者迫切需要掌握的知识，学生更需要学习怎样养马、怎样治疗马病、怎样选育良种马等方面的知识和技能，这是一种对知识价值密度判别的初步认识，也是基于实践的总结（图3-8）。众所周知，人脑的容量是有限的，教师上课的时间是有限的，学生的学习时间是有限的，学生的接受能力和知识内化能力也是有限的，树立知识价值密度判别理念，必须从教育教学的不同层面进行知识价值密度判别，在有限的时间内将知识价值密度更高的知识传授给学生，减少或避免传授低价值密度的知识，让学生有更多的时间和脑力空间用于发展思维和能力训练，全面提升人才培养效益和效率。

图3-8　电影《决裂》截图

（1）科学制订专业人才培养方案。高等学校的专业人才培养方案，是专业设置的必备基本教学文件，制订专业人才培养方案，必须在广泛调研和反复论证的基础上，根据本专业的培养目标和毕业生就业的职业岗位群需要科学设置课程体系。一般来说，课程体系包括通识教育课程、学科专业基础课程、专业主干课程、专业选修课程。通识教育课程包括思想政治理论课、体育、英语等公共必修课和公共选修课，其中公共选修课是实现科学教育与人文素养融合的重要途径；学科专业基础课程是本专业所属主干学科所必备的基本知识、基本理论和基本技能；专业主干课程是本专业学生必须掌握的专业知识、专业理论和专业技能；专业选修课程则是考虑学生个性化发展或不同的就业方向所设置的横向拓展或纵向延伸类课程。任何一个专业都面对一个庞大的知识体系，如何科学制订专业人才培养方案，使学生在有限的学习时间内达到更高的人才培养质量，必须从宏观层面进行知识价值密度判别，保证课程体系的科学性、有效性和可操作性。

（2）课程教学内容体系组织。高等学校的教师承担某门课程的教学任务，必须合理组织本门课程的教学内容。完成本门课程的教学，首先必须考虑几个基本问题：学习本门课程学生需要什么？本门课程在专业人才培养方案中具有什么地位或作用？本门课程在哪些方面支撑培养目标？在此基础上明确本门课程的教学目标。不同于中小学教师受过较严格的师范教育和课堂教学培训，高等教育领域很多专业教师在承担课程教学任务时出现诸多问题：一是以教材为本，没有真正理解高等教育是一种职前培训，必须把本课程领域的最新知识传授给学生,而是按照教材体系"照本宣科",殊不知教材也是人编写的(编教材者水平可能高一些),其知识体系的组织并不一定完全合理,即使编得再好的教材,也是几年以前的知识(出版程序限制了教材的更新),可以说以教材为本教学的高校教师是不称职的教师。二是为了完成教学任务而承担课程教学。高校教师承担人才培养、科技创新、社会服务等工作,目前不少高校高度重视科技创新而轻视教学,很多年轻教师(尤其是一些基于科研目标而引进的青年才俊)没有受过正规训练即承担教学任务,基本没有专业人才培养方案方面的概念或意识,出于完成教学任务的动机而任教某门课程,以"讲满课时"为标准,而不顾及学生的需要和本门课程教学对培养目标的支撑。三是"想当然"地教学生。近年来高校引进的青年才俊,很多是具有国外留学经历的"佼佼者"(曾经发表过高档次论文),被"抬轿子"的感觉非常好,承担课程教学任务也"想当然",把自己熟悉的知识或研究经历讲得眉飞色舞,却没有讲授课程教学目标的基本常识。

（3）课堂教学的组织与实施。上好每一堂课,是教师的本分。备课就是为上好每一次课做的准备工作。这些准备工作包括本次授课的教学内容组织、教学方法设计、教学艺术处理等。一是强调教学内容取舍时,必须尽量选择高价值密度的知识构建课程体系,这在教材编撰、教学大纲编制和教师备课时都具有实际指导意义;二是在传播知识的过程中合理分配时间,高价值密度的知识应详细讲解分析,使学生能够准确把握重点、难点,实实在在地提高知识传授效果和人才培养质量。笔者在 21 世纪初从中专学校调入高校工作,一位老教师不太信任故多次来随堂听课,多次听课后问:"你怎么每次课的内容刚好讲完就下课铃响,控制得这么好。"我说:"教师的基本功是要练的。"大学精神所宣扬的教学自由不等于随意性,课堂教学必须严格按计划执行,这一常识是很多年轻教师不知道的(很多学校为新教师配备了"以老带新"的指导者,但指导往往没有落地)。更有甚者,大学课堂上还存在自己熟悉什么讲什么,自己对什么感兴趣就讲什么,甚

91

至存在传播封建迷信或发表不当言论的现象，误人子弟也就是这么形成的。

三、聚焦克服思维惰性的思维激活理念

教师是学生的心智潜能激活者，教育教学活动是激活学生的心理潜能。教师应重视克服学生的思维惰性，在教育教学活动中树立思维激活理念。

（一）思维惰性是可以克服的

简言之，思维惰性就是懒得思考。思维惰性远比肉体懒惰更可怕，肉体懒惰充其量就是个懒人，而思想的或思维的懒惰者，却会成为一个不折不扣的庸人、废人。社会不可能指望一个思维懒惰者有什么创举，思维懒惰者可以被动地应付着去完成任务，但绝不可能主动发现新问题，也不会主动探索问题解决办法，就像工业机器人一样麻木地做事。

人类具有与生俱来的思维惰性，面临生存压力就必须激活思维甚至处于应激状态来求得生存，思维松懈状态能够使人感到愉悦，乐得做个"快乐的笨小孩"，这是一种与生俱来的思维惰性。神经生理学研究表明，脑细胞和神经细胞处于活跃状态，更有利于激活神经细胞的功能；神经细胞如果长期处于沉默状态，则将积累性地钝化。由此可见，思维惰性更多的源自后天养成，长期从事单一性事务工作或重复性体力劳动，具有明显的思维钝化现象。因此，思维惰性是可以克服的，不管是先天的思维惰性还是后天养成的思维惰性，通过有效的思维激活机制或实践活动，都可以激活脑细胞和神经细胞的作用机制，激活心智潜能，使其更具有创造力，既利于经济社会发展，更利于个人身心健康和职业发展。克服思维惰性，关键在于善于观察、勤于思考、认真分析、总结提炼。

（二）教师应树立思维激活理念

现实生活中的思维惰性有两种表现：一是缺少积极主动的思维意识，懒得思考；二是缺乏积极主动的思维心态，避免思考；三是缺乏或未能感知思维价值，不需思考。教育教学实践中，不当的教学活动在一定程度上也可能促成学生形成思维惰性，如大学生"认认真真"做笔记，主要心思

停留在做笔记的动作上，思维没有跟进教师讲授的内涵，也没有时间进行拓展性思考，客观上促成思维惰性；教师布置课后作业的主要目的是促进学生消化课堂知识，进一步拓展学生思维，如果布置一些教材上可以直接抄写的作业题，学生很高兴，教师也很轻松，不但没有起到激活学生思维的作用，反而客观上促成了思维惰性的养成。

教师应树立思维激活理念，积极克服思维惰性，既要克服教师本身的思维惰性，更要关注克服学生的思维惰性。客观地说，教师本身也存在不同程度的思维惰性，如布置课后作业时安排教材所附的若干个题目简单了事，编撰教材时懒得去设计面向思维激活的高水平习题。教师本身的思维惰性克服策略，主要在于"投入"二字，投入更多的时间，投入更多的精力，投入更多的心思，同时也应不断地提升自己的知识获取能力、知识组织能力和工具应用能力，自然就能收到思维激活的效果。更重要的是，教师在教育教学活动中要贯穿思维激活理念，注意启迪学生的思维、激活学生的心理潜能，通过备课过程中的知识价值判别和课堂教学设计、授课过程中的知识获取能力指导和引导、实践性教学环节的工具应用能力训练、梳理总结过程中的知识组织能力培养训练，以及提供或布置具有思考价值的课后练习素材，加强对学生的辅导和指导，在激活学生思维的同时，实现教师和学生的思维互动激活（图3-9）。

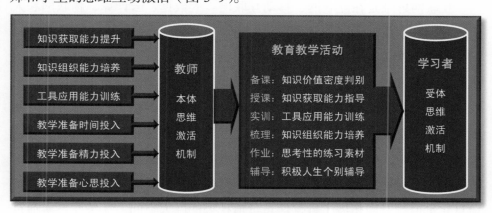

图3-9　教师－学生的思维激活机制互动模型

四、教育教学实践中的互联网思维

（一）互联网技术催生互联网思维

进入 21 世纪，互联网技术迅速发展，改变了人类的生产方式和生活模式，将人类文明推向知识经济时代，进而发展为全新的互联网思维。互联网思维是在互联网技术迅速发展背景下的思维模式创新，互联网技术的最新成果，实现了对实时状态和过程的数字化表达、可视化呈现、在线化支持、网络化应用、自动化作业和智能化管理（图 3–10），推进了工程技术领域的现代化手段革新，同时也推进了人类思维模式创新。

图 3–10　互联网技术发展趋势

互联网思维是在互联网、移动互联网、大数据、云计算、物联网和人工智能等高速发展的时代背景下，对市场、客户、产品、产业链、价值链乃至对整个产业生态领域重新审视的思维方式。互联网思维改变了人们的传统思维模式，一是基于消费者需求导向的用户思维，重新定位传统思维的客户理念；二是开放、包容、并行的网络思维或网格化思维，使人们深刻感受合作空间无极限，创新无极限；三是物物相联、人物对话的物联网思维，实现了人物交流超体验，拓展了交流互动的新境界；四是基于低价值密度、海量、高速、真实、多样化数据超值体验的大数据思维，体现了信息化价值飙升，拓展了数据信息价值挖掘的巨大空间，无关联事实通过大数据分析可能呈现巨大价值；五是基于互联网虚拟化资源实体化应用的云计算思维，演绎着开放性的概念颠覆，奠定了全球资源开放共享的思维基础。互联网思维是基于现代信息技术领域的思维革命而形成的用户思维、物联网思维、网格化思维、大数据思维、云计算思维等创新思维模式。

（二）教育教学实践中的互联网思维

在知识经济时代，不仅体现了"知识就是力量"，更多地体现了"思维就是财富"。人类本身所具有的思维特质，无论是逻辑思维还是形象思维，始终是思维的基础，互联网思维同样是基于人类思维特质的思维模式拓展。传统思维模式是一种线性思维，发散性思维成为创新思维的表现形式。互联网思维是"互联网+"时代背景下的思维模式拓展，融合"互联网+"时代的技术创新成果和思维创新理念，改变传统思维模式，敢于创新，勇于实践。互联网思维在教育教学领域的应用，可以表达为教育教学活动中的互联网思维，有助于推进知识经济时代的人才培养转型升级（图 3–11）。

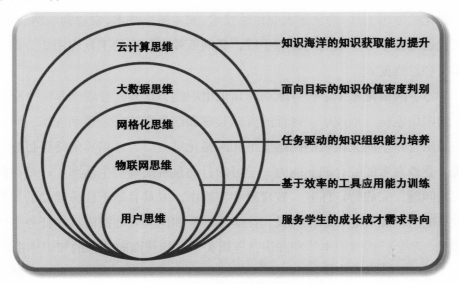

图 3–11　教学活动中的互联网思维

（1）用户思维：服务学生的成长成才需求导向。IT行业将客户称为"用户"，将这种用户思维运用于教育教学实践，就是服务学生的成长成才需求导向。学校教育坚持服务学生成长成才需要是教育界的共识，不少学校的管理明确提出"以学生为中心""一切为了学生、为了一切学生、为了学生的一切"，就是这种思维的鼓动性表达，关键是怎样将这种思维贯彻到教育教学的全部实践活动之中，实现全员育人、全方位育人、全过程育人。

（2）物联网思维：基于效率的工具应用能力训练。物联网实现了物物相联、人物对话，体现了人物交流超体验。从某种意义上来说，人类文明是一部工具发明和工具应用的进化史，不断出现的新工具实现了人类器官的延伸，"互联网+"时代，人类可以指挥或控制机器、设备、装置，甚至可以控制农业生物的生长发育，使工具应用达到了前所未有的高度。工具的不断推陈出新，生产、生活中需要使用的工具种类越来越多，对人类的要求也越来越高。为此，人才培养过程中，必须具备基于效率的工具应用能力训练的物联网思维。目前，计算机成为人人必用的基本工具，驾驶技术成为人人必备的基本技能，卓越农业人才更需要掌握现代仪器设备、多样化的专用工具，乃至于农业传感技术、农业遥感技术、农业物联网技术、现代通信技术等方面的工具和手段，必须依赖高效率的工具应用能力训练体系和思维模式。

（3）网格化思维：任务驱动的知识组织能力培养。互联网是一个全球性的网络系统，形成了全球性的资源共享和信息交流等一系列变革，从而演绎出合作空间无极限的网络思维和网格化思维。人才培养的终极目标是提升受教育者的综合职业能力，学习的目的是解决现实生活和生产过程的实践问题，完成特定任务。教育教学实践中，要具有基于任务驱动的知识组织能力培养理念和思维背景，让学生学会如何有效地面向具体任务组织知识，学会分析知识本体和知识链逻辑关系，构建面向任务的知识体系。

（4）大数据思维：面向目标的知识价值密度判别。现代信息技术的发展为大数据采集、存储、处理和应用提供了全新技术，使低价值密度、海量、高速、真实、多样化的大数据资源实现了数据价值超体验，从而形成了信息化价值飙升的大数据思维。教师教知识、学生学知识，学生掌握的知识越多越好，这是绝大多数人的常识性认知。但是，人类进入了知识经济时代，知识海洋是任何人都不可能穷尽的，反过来可能存在知识和信息过量化压抑思维的问题（人脑容量有限，过多的信息存储导致思维空间减小），因此无论是教师还是学生，都要有知识价值密度判别意识，教师教知识必须分析知识本体对学生的知识价值密度，学生学知识也必须分析知识本体对自己职业发展的贡献度。

（5）云计算思维：知识海洋的知识获取能力提升。云计算为用户提供多样化的云服务模式，但本质上并没有增加新的资源，而是实现了全球资源的颠覆性共享，极大地拓展了开放性和透明度，实现了开放性概念颠覆的云计算思维。随着知识本体的数字化表达技术迅速发展，云计算已发展为人类知识库的公共存储空间。在知识海洋遨游，必须具有较强的知识获取能力，而不在于你现在掌握或记忆了多少知识。因此，教师应有意识地训练学生的知识获取能力，学生自己也必须不断提升知识获取能力。

第三节 "互联网+"时代的学习理念

一、知识是学出来的

封建时代的教书先生受人尊敬，因为他们能够教会学生认字写字、教会学生写文章考科举，潜台词是"学生是教师教会的""知识是教师教会的"。在有限知识时代，掌握知识的人是社会精英，可以说"知识是教出来的"。

知识经济时代的海量知识和知识普及化，个体社会化必须发生与时俱进的转型升级，站在学生立场，应该说"知识是学会的"。这里的差别在于：第一，主体中心地位问题。谁是主体？"教"的主体是教师，"学"的主体是学生。目前，教育界已形成共识，教育教学活动中学生是主体，教师在课堂教学中起着主导作用。这种理念要贯彻到教育教学实践中，必须充分体现学习者的中心地位：学生的知识背景与能力本底如何？学生需要学习什么？学生掌握程度如何？知识本体对学习者知识结构和能力体系贡献如何？这些都是教师备课时需要认真分析的内容。第二，主体意识问题。"教"的情景下学生是被动学习，"学"的情景下学生是主动学习；"教"意味着将知识本体灌输给学生，"学"意味着学生需要摄取哪些知识营养[25]。客观地说，目前高等学校的课堂教学仍然是灌输式教学为主，学生的本分仍然是认真听讲做笔记应付考试，而不是通过学习过程拓展思维、激活潜能。一个很典型的事实就是，本科生都在大学里学习了几十门课程，包括本专业的基础知识、专业知识、研究方法、实验技能、研究进展等，但进入毕业论文阶段后大部分学生不知道从哪下手，课程学习与综合应用对接不上来。

高校都设置了若干个专业并采用班级授课制教学，每个专业的人才培养方案都是学生入学前就已预先制订，虽然人才培养方案的制订过程很严格认真，但每个专业的毕业生实际上是一个庞大的职业岗位群，人才培养方案不可能与某一个职业岗位的知识和能力需求完全吻合，从而导致大学毕业时回顾所学知识，好像也没学到什么，只感觉学了很多课程经历了很多考试，大多是"面面俱到、点到为止"；毕业后参加工作，发现大学里学的知识好像没多少能够用得上的，这是很正常的现象，因为学校教育不是师傅带徒弟，基于教育效率的班级授课制只能重点考虑群体的通用性需求。但是，站在学习者立场，必须考虑学习的目的是为未来职业发展奠定知识基础和进行能力准备的，要培养主动学习意识，坚持"知识是学出来的"学习理念。

二、能力是练出来的

明代董其昌《画旨》有语："读万卷书，行万里路，胸中脱去尘浊，自然丘壑内营。"蕴含了理论学习和实践训练同等重要性的哲理。对于学习者而言，工具应用能力、语言表达能力、文字表达能力、人际交流能力、指挥控制能力、观察判别能力、洞悉决策能力等，都必须通过训练、经历过程、承受体验，才能逐步提高实践能力，必须坚持"能力是练出来的"学习理念。

高等学校的能力训练，包括教学计划中安排的各类实践教学环节、第二课堂和社会实践活动以及导师安排的科研学术活动，不少教师将这类能力训练简单地概括为动手能力训练或实践技能训练，笔者认为应该提升高度，各类能力训练项目，都必须强调学习者在能力训练过程中的行为体验、知觉体验、情绪体验、思维体验，而不是简单的任务执行模式或体力训练过程（图 3–12 ）。

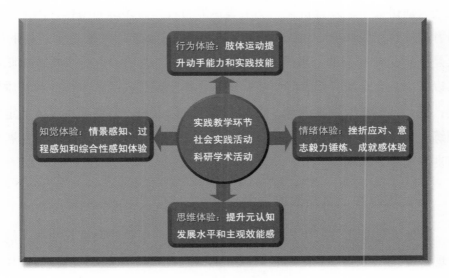

图 3–12　能力训练的体验过程

（1）参与意识与阅历价值。能力训练首先要强调参与，亲身参与实践过程并有效体验过程，才能实现能力提升，这属于一般性常识。阅历是指亲身见过、听过或做过，以及在此过程中所获得的理解和收获的知识。广博的阅历具有特殊的人生价值，游名山大川强化爱国主义教育、海外留学拓展国际化视野、参加学术会议感受学术氛围，这是对"行万里路"的另类解读。

（2）简单经历与用心体验。同样的能力训练项目，不同的学习者可能形成不同的训练效果，如果把训练过程当作任务，只图完成任务的学习者就会只有简单的身体经历过程，能力提升自然达不到理想效果。如果能够在经历能力训练的过程中注意用心体验、观察分析、比较鉴别，就能够收到事半功倍的效果。

（3）短板意识与定向训练。学习者应有自我认知和自我分析意识，知道自己的薄弱环节，理性认识自己的能力短板，并在能力训练中有意识地定向训练逐步补齐短板。例如，语言表达能力欠佳者应注意争取机会在公众场合演讲或争取发言机会，文字表达能力较差者多练习写作，内向型性格者应注意克服怯场心理敢于表达，某方面的实践能力欠缺必须尽力补上。人是必须面对社会的，虽然有"宅男""宅女"说法，也有一些特殊职业可以减少社会交流，但人际交流和团队合作是现代人的基本技能和素质体现，越是"短板"越难训练，要有迎难而上的意识，坚信通过艰苦的定向训练一定能够克服困难并在一定程度上补齐"短板"，为未来职业发展奠定良好的能力基础。

三、选择性记忆与思维发展

身处信息时代的现代公民，信息来源广泛，信息获取极其便捷，信息呈现多样化，给我们带来了许多愉悦和方便。但是，人脑的容量是有限的，信息进入脑海是需要占用"存储空间"的，过量信息会形成压抑思维的负面效应。

（一）选择性记忆的质性研究

质性研究是以研究者本人为研究工具来开展的科学研究。笔者在生活中表现为路盲、脸盲，去过很多次的地方，下次如果是我一个人再去的话还是找不到目的地，只能打的或开导航；一起开过会吃过饭的人，下次对方认出我来了但我实在想不起这是何人。实际上并不是缺乏方向感或记忆力不行，而是在生活和工作中适应了选择性记忆：与个人指向目标关联度较高或价值较大的信息容易进入永久记忆，关联度较低或价值较小的信息进入临时记忆，无关或无价值信息视而不见。多年前带教务部长参加教育厅会议，厅长报告 1 小时左右，教务部长认真记笔记，返校后我组织教务部成员开会传达会议精神，讲了约一个半小时，会后教务部长非常兴奋地找到我说："你没记一个字的笔记，看你的样子也没怎么认真听厅长的报告，但你怎么把厅长的话记得那么清楚，讲得那么详细？"这里实际上也存在一个信息价值密度问题，当时我分管教学工作，厅长的报告必须贯彻落实，对我来说这是价值密度很高的信息，选择性记忆机制自然就将相关内容直接进入永久记忆了（当然也有管理经验为基础）。中国在 1991 年左右计算机开始民用（以前只有科研机构或大学才有），我决定购一台自用，出于经费原因我从另一个大学教授手里买他的二手电脑，当时我没有任何计算机知识，教授在卖给我之前做了一些操作（后来才知道是删掉了一个自动批处理文件），当时我感觉那是很有用的，但一点都不懂是什么内容，回家安装好电脑后马上在计算机上重复那位教授的操作，陪伴我的另一位老师问我这是干什么，我说我也不知道，操作完后计算机回复到了原有状态，同行老师十分奇怪："你是怎么记下来的？"事实上我也不知道更不懂那些操作的意义，因为当时迫切希望学会使用计算机，强烈的学习动机意识使我把那位教授的全部操作以镜像的方式印入脑海，回家后按镜像重复，自然就达到了目的。

心理学界承认选择性记忆的存在事实，但相关研究并不多。选择性记忆是信息接收者（受众）对所接收信息的基本倾向，即记忆那些与自己观念最一致的内容。受众在接收和处理传播内容时，并不是不加分析地、一股脑儿地全部接收，他们主动地、积极地、有选择性地筛选并记忆那些与自己固有观念、兴趣、爱好相符合的部分，而把其余内容从自己的记忆中加以排除，从而满足自己的需要，达到心理平衡。选择性记忆是受传者防御和抵制于己不利或与自己观点相反的那部分信息的最后一道防卫圈。

（二）选择性记忆实践策略

人脑容量是有限的，大脑存储的信息量也是有限的，适应选择性记忆对个体思维发展具有重要意义。

（1）学习动机驱动机制。强烈的学习动机是选择性记忆的内源驱动力，不感兴趣的信息是不会进入永久记忆区的。为此，学习者应该明确知道自己想学什么，哪些信息对自己的职业发展具有更大的重要性。

（2）信息价值密度判别。人类的感觉器官感知信息以后，有一种与生俱来的信息价值密度判别机制，即将与自己固有观念、兴趣、爱好相符合的信息接纳并进入记忆，现实生活中可以有意识地强化这种信息价值密度判别意识。在实现信息记忆的过程中坚持"有所为有所不为"，应构建对低价值密度信息的摒弃机制。

（3）轻松学习与轻松记忆。人脑和神经细胞在个体处于轻松愉悦状态时效果最佳，强记是很难达到目的的。学习不应该是被压迫的行为，更不应该是为了完成任务而实施的被动行为。学习者应有意识地营造宽松的学习环境，关注学习的成就感，实现轻松学习和轻松记忆。

四、人工智能与人类思维发展

近年来，人工智能迅速发展，引起了全球的广泛关注。人工智能模拟人脑思维机制，人脑发展走向何方？笔者认为，人工智能与人脑发展相伴而行，可以实现人工智能与人类思维发展的协同进化。

（一）人工智能实现机制

人脑是如何工作的？人类能否制作模拟人脑的机器？多年以来，人们从不同学科角度进行理论研究和实践探索。人工智能是当今世界最活跃的前沿学科，它涉及计算机科学、心理学、哲学和语言学等众多学科，是典型的多学科协同创新研究领域（图3-13）。

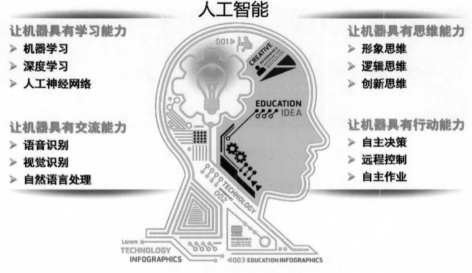

图 3-13　人工智能研究和应用领域

设计和制造能够模拟人脑的机器，首先必须深入了解人脑的运行机制，包括人类思维的生理机制和心理机制。从生理机制角度探讨，人类思维源于对外界信息的获取、加工与应用，这需要依赖感觉器官、神经元、周围神经系统和中枢神经系统的协同工作。人类思维的心理机制，体现为一系列复杂的心理过程。基于感觉器官获取外界信息形成感觉，是一种实体感官体验；在感觉的基础上综合原有知识、经验而形成知觉，这是一种综合知觉体验；在感觉、知觉基础上结合个体的情感、意志形成综合判断或主观思维体验，属于意识范畴；在主观意识和客观现实面前，人脑必须形成一定的行动决策，这是一种综合思维体验；根据决策由中枢神经系统指挥形成语言表达或肢体运动，就是行动，这是一种决策实施过程；行动付诸实践后得到了特定的实际效果，人脑的后续活动就是一种反馈思维体验（图3-14）。这是对人类思维心理机制的链条式表达，实际上人类思维是很多这类链条式过程交织在一起，依托神经系统形成复杂的网络关系。

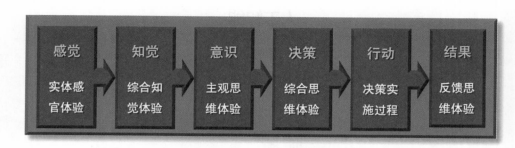

图 3-14　人类思维心理机制的链条式表达

　　模拟人类思维的生理机制和心理机制，逐渐形成了多学科融合的人工神经网络技术，奠定了计算机深度学习的技术基础。刚出生的自然人到成年后的社会人，在不断地学习与检验中积累知识、经验并运用于实践。在机器学习领域则是将大量训练与测验的过程实时存储为非结构化大数据，同时不断优化模型，最终实现自主决策和行动（图 3-15）。

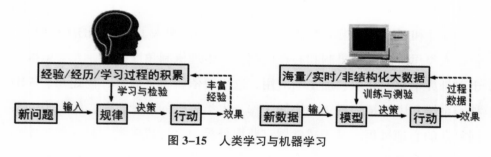

图 3-15　人类学习与机器学习

　　人们震惊于机器人的某些超人能力，如机器人与人博弈，若干次对弈后能够轻松胜出；机器人在输入某歌唱家的原声录音后，能够演唱出比该歌唱家更优美的歌曲。这正是机器学习产生的效果：计算机可依托海量、实时、非结构化大数据资源进行训练和测验，从而得到专项任务的决策模型，当新的大数据输入后，利用模型进行决策并付诸行动，行动过程及其产生的实际效果作为模型验证资源又存入大数据资源库，从而实现决策模型的递进式优化过程。现代信息技术的对大数据资源和云计算的高效应用，经过反复训练和实际作业的机器人在专项任务方面表现出超人的能力也就不足为怪了。

基于人工神经网络的深度学习，通过建立模拟人脑学习的神经网络，模仿人脑机制来解释数据，建立多层感知器，通过组合低层特征形成更加抽象的高层特征，以发现数据的分布式特征。以图像识别为例，当我们看到某一实物比如一只公鸡，首先通过眼睛获取图像信息，如轮廓、颜色以及各部分特征等，这些信息通过视神经进入大脑以后，经过中枢神经整合形成感觉，再调用原有知识、经验综合判断形成知觉，结合主观思维体验进而形成意识，最终形成这是一只公鸡的完整认知过程。计算机深度学习的人工神经网络正是模仿这一过程，通过传感器获取图像信息形成输入层的像素识别，运用云计算调用云平台资源池中的图像进行比对和模糊识别，基于人工神经网络隐藏层就会形成感觉—知觉—意识的类似过程，最终形成输出层的结果。在这里，人工神经网络的本质还是计算机技术领域的科学计算（图 3–16）。目前，深度学习在图像识别、语音识别、自然语言处理等领域已得到广泛应用。

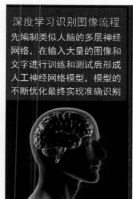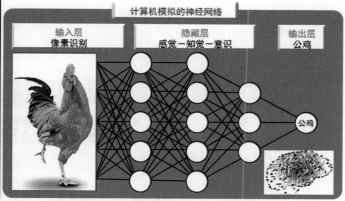

图 3–16　基于人工神经网络的深度学习

人工智能是机器模拟人类的思维过程，但机器始终是物理设备，在模拟人类思维的生理机制方面，必须配备相应的硬件资源，采用各种类型的传感器模拟人类的感觉器官，实现人工智能的数据采集；复杂的通信设施实现系统内的数据传输，有点类似人类周围神经系统；基于多层感知器的人工神经网络完成复杂的函数运算和推理，类似于人类的中枢神经系统。

人工智能的实际作业模式是模拟人类思维。模拟人类的形象思维，机器实现了数据采集、传输、存储、整理、变相、转型、分解、整合等工作，这方面的技术已相对成熟；模拟人类逻辑思维，实现数据信息分类、归纳、排列、对比、筛选、判别、推进等过程，这方面的人工智能以计算数学为基础，具有很大的发展空间；模拟人类的创新思维是人工智能的难点和重点，实现思维辐射、逆向、求异、突变、直觉、灵感、顿悟等方面，目前尚处于起步阶段，可以说任重而道远。人工智能领域的研究，始终是围绕模拟人类思维而展开，利用传感器替代人体感官，依托通信设施传输信息，研发多层感知器的人工神经网络来模拟人脑功能，从而实现信息采集、信息整理、信息加工、信息升华。人工智能模拟人类思维起点于基于数学模型的逻辑思维和传感技术的数据采集；突破于近年来的形象思维，具体表现在图像识别、语音识别、自然语言处理等方面；人工智能的最大空间和挑战，就是模拟和超越人类的创新思维，伟人们的直觉、灵感、顿悟等尚没有心理学基础和哲学根基，机器模拟也就无从下手，这正需要人类更高层次的创新思维或思维突破（图 3–17）。

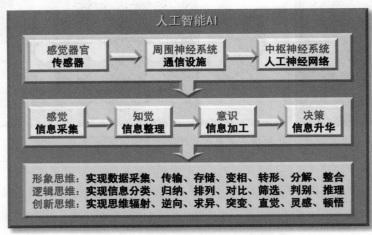

图 3–17　人工智能实现机制与研发方向

（二）人工智能与人脑发展的协同进化

人工智能通过模拟人类思维的生理机制和心理机制来实现，基于物联网、大数据和云计算智能机器人，在完成专项任务时完全可以超过人类成为"超人"，这就引发了人与机器人伦理道德关系等科学哲学问题思考：智能机器人属于工具、奴隶、公民？从教育学领域来探讨，随着科学技术的迅速发展和人类文明的推进，人类个体社会化的要求越来越高，周期也越来越长。人工智能的不断发展，机器人在某些领域正在代替人类从事体力劳动或脑力劳动，未来教育朝何处去？这些太遥远的问题暂不讨论，当前急需探讨的现实问题，就是如何实现人工智能与人脑发展的协同进化。

（1）减轻人脑记忆负担，释放人脑思维空间。科学技术的迅速发展对社会成员的能力要求越来越高，学习任务也越来越重，不可能无限制地延长个体的学校教育周期来适应社会。农业社会时代有"男子不吃十年空饭"的说法，在高等教育普及化背景下大多数公民在 22 岁以后才能参加工作为社会作贡献，教育成本大幅度增加（包括家庭和社会支付的成本）。传统教育模式下的知识感知、记忆、内化过程，决定了学习者接收知识的有限性。如何减轻人脑记忆负担，释放人脑思维空间，是未来教育改革的一个重要方向。现代信息技术的迅速发展，基于互联网的云计算实现了全球信息资源的有效整合和高效利用，云端已发展为人类知识库的公共存储空间，很多知识都可以便捷地从云端获取，"有问题问度娘"为很多人解决了实际问题并增加了知识，由此可见，充分发挥知识存储公共空间（如云端存储）的公共服务职能，减轻人类知识学习和记忆负担，释放更多的学习时间和人脑思维空间，推进人类学习由知识学习转向能力提升：知识获取能力、知识组织能力、工具应用能力。

（2）人工智能辅助教学与教育机器人。目前市面上已有多种多样的学习机器人，智能机器人的机器学习功能能够高速响应学习者的接受能力和学习进度，可以大幅度提升机器人辅助教学的效果。与此同时，微课、私播课、慕课等现代教育手段的应用和普及，教育领域的通用性知识传授职能至少可以部分地转交，教师职能也应发生相应转变。教育机器人因为适应学习任务和学习者实况，在人才培养方面具有不可估量的发展空间，目前的一些低端产品以"玩中学"深受青少年的喜爱，驾驶训练机器人使受训者很快适应不同路况条件。比尔·盖茨早在2007年就预言：机器人将重复个人电脑的崛起之路，迈入家家户户，改变人类的生活方式。随着人工智能技术的不断发展，教育机器人走进学校或进入家庭成为未来人类能力发展的重要工具，已经成为必然趋势。

（3）人脑发展与人工智能方法论借鉴。人工智能模仿人类思维的生理机制和心理机制，推进人类思维的深入研究，这种研究必须是计算机科学、心理学、神经生理学、哲学等领域的跨学科合作。对于学习者而言，人脑发展的人工智能方法论借鉴：一是面向对象的任务思维，计算机语言从面向过程的程序设计语言到面向对象的程序设计语言，极大地推进了软件产品的发展，在知识经济时代，人类学习也应引进面向对象的任务思维，简单地说，就是需要什么知识就去获取什么知识，需要提升哪方面的能力就去定向训练哪方面的能力。二是机器学习的程序化模式，计算机用最简单的二进制解决极复杂的尖端技术问题乃至模拟人脑思维，核心在于其程序化作业模式，人类学习如果借用这种程序化作业模式，也必将实现重大突破。三是现代信息技术领域的工具化调用，任何复杂的任务都可以逐级分解为很多个小任务，每个小任务都可以在前人研究基础上工具化，工具化调用使复杂问题简单化，人类学习者借鉴这种模式，对于前人已解决的问题定制成实体工具或虚拟工具，学习者只需要学会使用工具，就可以大大减轻学习负担，释放更多的人脑思维发展空间。

第四章 卓越农业人才培养的理论探讨

十年树木，百年树人。人才培养改革是一项十分复杂的系统工程。为什么要改革？怎样改革？改革效果如何？回答这三个基本问题，都涉及教育学、心理学和专业教育领域的共性问题和个性化问题。卓越农业人才培养必须遵循教育学和教育心理学规律，同时也需要积极探索教育教学规律及领域性理论问题。

第一节 心理素质形塑论

人类劳动实践活动中，每一个成员为了生存和生活必须尊重特定的劳动习惯，掌握一定的劳动技能，遵守一定的社会行为准则。这就需要年长者或专业人员通过各种形式的教育和定向培养，促进个体的社会化，即实现自然人向社会人的转化。三百万年的人类历史，一万年的人类文明，人类始终在探索如何有效地促进个体社会化，并逐渐形成了哲学、教育学、心理学、社会学等专门性学科体系和丰富的实践经验，从而推动着人类社会的发展。与个体社会化过程有关的专门性学科的专业化研究，解决了许多个体培养的专业化问题，从个体发展的时序特征来看，形成了从胎教、学前教育到国民教育体系和终身教育等促进个体社会化的社会化运行体系，同时也形成了家庭教育、学校教育、社会教育和自我教育的个体社会化机制体系。此外，人类发展史上的宗教体系在构建社会秩序方面起到了重要作用，对促进个体社会化和伦理道德构建具有十分重要的历史意义。

一、心理素质形塑论概述

朱翠英、高志强（2013）提出了基于积极心理学的心理素质形塑论，依托心理素质形塑的外部机制（家庭教育、学校教育、社会教育、职场历练）和内部机制（自我修养），通过环境影响、定向培养、系统教育和自我形塑，实现心理素质的形塑目标，培养符合社会需要的具积极心理素质的全面发展的人[26]。在这里，心理素质形塑路径虽然是相对独立的通道，但并不是孤立存在的，对于某一个现实个体而言，家庭教育、学校教育、社会教育、职场历练和自我修养都是必要的社会化过程，也是相互联系、相互作用、相互依赖、相互影响的综合作用过程，这种综合作用过程必须有一个明确的目标指向，就是实现个体心理发展方向符合社会需要和个人发展需要，形塑具有积极心理素质的全面发展的人。心理素质形塑的四大主要路径，都会从不同角度和程度对个体心理发展产生环境影响、定向培养、系统教育和自我形塑，所以心理素质形塑的四大过程也不是孤立存在的，并最终内化为个体的定向发展。依托心理素质形塑的四大主要路径，通过心理素质形塑的四个过程，最终实现社会对个体的形塑目标，即培养和塑造符合社会需要的具积极心理素质的全面发展的人[27]，他们在现实社会中表现为具有积极品德，在内在的观念深层方面具有积极的世界观、人生观和价值观，在外在的表现方面具有积极认知、积极情绪、积极意志行为和积极个性，形成具有时代特征的积极心理素质（图4-1）。

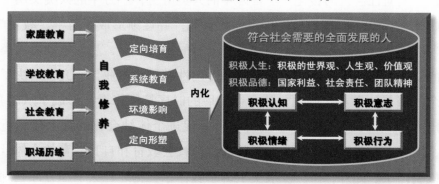

图 4-1　基于积极心理学的心理素质形塑论

二、德商培育与立德树人

德商（Moral Intelligence Quotient，MQ）是指一个人的道德人格品质。套用社会主义核心价值观，可以给当代人才培养的德商下一个较全面的定义：具有为国家富强、民主、文明、和谐价值目标而努力奋斗的奉献精神，具有积极投身自由、平等、公正、法治的社会风尚建设的责任意识，具有爱国、敬业、诚信、友善的个人品质。具体表现为习近平同志所概括的"明大德、守公德、严私德"。

（一）价值取向：培养社会主义建设者和接班人

在教育实践活动中，人们按照一定的教育价值取向，通过主体的能动作用，可以创造出具有特定价值模式的教育。教育价值取向有两种：一是个体本位价值取向，认为个体的价值高于社会的价值，在个体与社会的关系结构中，个体处于中心地位，而社会是个体之外的外部环境，社会只有在有助于个人的发展时才有价值。二是社会本位价值取向，认为社会价值高于个人价值，社会历史的发展是一个按照客观规律发展的自然历史过程，个人的存在与发展完全是由社会决定的，强调从社会的需要出发来规范教育活动，要求教育培养出符合一定社会准则的人，促进受教育者社会化，保证社会生活的稳定与延续。

党的十八大报告指出，要"坚持教育为社会主义现代化建设服务、为人民服务，把立德树人作为教育的根本任务，全面实施素质教育，培养德智体美全面发展的社会主义建设者和接班人，努力办好人民满意的教育"。这是我党的教育方针，表明社会主义教育事业必须体现社会本位价值取向，培养社会主义建设者和接班人是我国教育的基本价值取向。

（二）立德树人：明大德、守公德、严私德

（1）明大德。何谓大德？东汉马融所著《忠经·天地神明章》有言："天之所覆，地之所载，人之所覆，莫大乎忠。"天下至德，莫大乎忠。北宋理学家程颐曾言："人无忠信，不可立于世。"西汉苏武牧羊，南宋岳飞"精

忠报国"，南宋文天祥"人生自古谁无死，留取丹心照汗青"，清朝林则徐"苟利国家生死以，岂因祸福避趋之"。忠诚，既不拘于时空，也不拘于地域，推之古今而公行，放之四海而皆然。忠的当代表述，是热爱祖国，热爱社会主义，热爱中国共产党，热爱人民。忠诚是人们心中的至德、大德，也是可贵的思想觉悟和政治品质。

（2）守公德。公德是个体在公共道德方面的品质，是指有关社会公众安宁和幸福的行为准则与具体行为。社会公德是指公共生活的基本规范和要求，可以简单地表述为：文明礼貌、助人为乐、爱护公物、保护环境、遵纪守法。社会公德作为人类社会生活中最起码、最简单的行为准则，是和广大人民群众的切身利益密切相关的，是适应社会和人的需要而产生的，是维护社会公共生活正常秩序的必要条件，是成为一个有道德的人的最基本要求，是精神文明建设的基础性工程，也是精神文明程度的"窗口"。

（3）严私德。慎独慎初慎微，注重廉洁自律。私德是私人生活中的道德规范或个人修养，是指个人品德、修养、作风、习惯以及个人生活中处理爱情、婚姻、家庭问题、邻里关系的道德规范，包括体贴、尊重、容忍、宽容、诚实、负责、平和、忠心、礼貌等一切美德。私德通常以家庭美德为核心，学校的私德教育主要培养学生的私人生活的道德意识及行为习惯。

（三）文化化人：感染与熏陶

文化层次论认为，人类文明具有四个层次的文化：承载特定文化的物质实体、景观或虚拟呈现介质（如影视作品）属于物质表层文化，承载特定文化的形式、仪式等社会行为属于形式浅层文化，承载特定文化的法律、法规和规章制度等社会规范属于体制中层文化，世界观、人生观、价值观和行为理念属于观念深层文化。文化化人是个体接受多样化的文化影响、感染和内化的过程，依托先行者的传承、传播与创新实现文化发展，社会文化传播表现有波纹扩散规律和噪声干扰效应（图4-2）。

图 4-2　文化层次模型及其作用机制

心理素质形塑论认为，环境影响对个体的心理发展具有非常重要的作用。作为人才培养的各级各类学校或教育机构，必须高度重视校园文化建设。校园文化是指一所学校经过长期发展积淀而形成共识的一种价值体系，即价值观念、办学思想、群体意识、行为规范等，也是一所学校办学精神与环境氛围的集中体现。基于文化层次论的校园文化建设，要通过物质表层校园文化建设、形式浅层校园文化建设、体制中层校园文化建设、观念深层校园文化建设，实现校园文化的定向发展和有效积淀，关注校园文化的社会介入和影响，重视校园文化的创造与传承，强化校园文化的影响与感染。

三、情商训练与团队精神

情商（Emotional Quotient，EQ）是指个体在情绪、意志、耐受挫折等方面的品质，具体包括自我意识、控制情绪、自我激励、认知他人情绪和处理相互关系等方面的内容。人与人之间的情商并无明显的先天差别，更多地源于后天培养与训练[28]。

（一）认知基础：合作双赢与内斗耗散

笔者喜欢与人合作，年轻时曾与不同的朋友合作也干成过一些事，过程中总有年长者"关心"：此人奸诈狡猾，千万别跟他合作；此人好贪便宜，遇事斤斤计较，跟他合作你会吃亏；此人横行霸道，其妻更是了得，劝你小心为上。凡此种种，我都感恩于心，但仍然我行我素。基于商业敏感性判断感觉某事可能赚钱（年轻时极贫，常做发财梦），但独自一人做不了，具有合作需求就没必要瞻前顾后。简单理念：二人合作若赚得100元，任他奸诈狡猾贪便宜横行霸道，让他分90元我还是赚了10元。这是一种比较原始的合作双赢意识，赢多赢少都是赢！

20世纪90年代初开始利用电脑写作，练就了电脑打字功底，利用这门手艺帮人做过不少文字材料，最后发现：帮人做事自己成长。因为高效率和好帮忙，所以找我帮忙的人越来越多，关心我的朋友总劝我"Learning say NO！"我倒无所谓，帮人做了事，总有些抽烟喝酒之类的酬劳，所以帮人做文字材料时我总是当作自己的任务来完成，发自内心地保证质量。结果是，被我帮过的人完成了任务但失去了成长和能力提升机会以及一定的经济损失，我帮人做事赚了烟酒、得到了更多的能力提升机会和成长过程，这是一种另类的"得失哲学"，也是一种另类的"合作"双赢。因为我坚信：能力是练出来的！能力是真正的财富！

至于内斗耗散，道理人人皆知，就是在特定场景或特定事件中无法意识或无法控制。当然也不免有特殊案例，极具攻击性的个体有三种表现：一是攻击他人自己得利，这称为损人利己，可以理解；二是攻击他人但自己没有获利，这称为损人不利己，十分可恨；三是攻击他人的同时反而使自己受害，这就是损人害己，非常可怜。

（二）情商训练：自我定位、情绪管理、善待他人

（1）自我定位。包括自我意识和自我激励。自我意识是对自己身心活

动的觉察，即对自己的认识，具体包括认识自己的生理状况（如身高、体重、体态等）、心理特征（如兴趣、能力、气质、性格等）以及自己与他人的关系（如自己与周围人们相处得如何以及在集体中的位置与作用等）。自我意识是具有意识性、社会性、能动性、同一性等特点。自我意识的结构是从自我意识的三层次，即知、情、意三方面分析的，是由自我认知、自我体验和自我调节（或自我控制）三个子系统构成。自我意识的形成原理包括：正确的自我认知、客观的自我评价、积极的自我提升和关注自我成长。

自我激励是指个体具有不需要外界奖励和惩罚作为激励手段，能为设定的目标自我努力工作的一种心理特征。①离开舒适区。不断寻求挑战激励自己，不要躺倒在舒适区。②激活幸福感。令你开心的事不在别处，就在你身上，注意找出自身的情绪高涨期，用来不断激励自己。③加强紧迫感。5分钟很长，50年很短。如果能逼真地想象我们的弥留之际，会物极必反地产生一种再生的感觉，这种自我激励机制是走向成功的特殊动力。④目标明晰化。真正能激励你奋发向上的是确立一个既宏伟又具体的远大目标，朝着目标一步一个脚印地走下去，最终必定实现目标。⑤净化朋友圈。对于那些不支持你目标的"朋友"要敬而远之，同乐观、豁达、敬业和具有强烈事业心、责任心的人为伴能让你具有更大的发展空间。⑥战胜恐惧感。战胜恐惧后迎来的是安全和身心愉悦，同时会增强你的能力自信，如果一味想避开恐惧，它们会像疯狗一样地穷追不舍。

（2）情绪管理。情绪管理是指个体和群体对自身情绪和他人情绪的认识、协调、引导、互动和控制。充分挖掘和培养个体与群体的情商、培养驾驭情绪的能力，可以确保个体和群体保持良好的情绪状态，并由此产生良好的管理效果。肖汉仕创立的6H4AS情绪管理方法具有较大的指导意义。其中6H（Happy）指奋斗求乐、化有为乐、化苦为乐、知足常乐、助人为乐、自得其乐；4AS（Ask-Step）即：值得吗？自我控制！为什么？自我澄清！合理吗？自我修正！该怎样？自我调适！

（3）善待他人。善待他人可以概括为善于认知他人情绪，善于处理相互关系。每个人都希望身边的人对自己好,希望自己永远是这个圈子里的主角,希望每天的生活都能阳光灿烂。可现实呢?有的人会活得光彩亮丽,有的人过得平淡如水,有的人却是灰头土脸的。原因是什么呢?永远能成为生活主角的人,总是怀着一颗感恩的心,常存有敬畏之心看待世界,常会以宽容之心善待他人;生活过得不尽人意的人,总是想着如何向别人索取,如何想着让别人为自己服务,殊不知自己在远离幸福的路上越走越远。善待他人,不要奢求别人以后会对你有回报。有些时候,你给予他人帮助,是在他人最落魄的时刻伸出了热情的手,是在他人最困难的节点送去了温暖,是在他人最寂寞的时刻送去了安慰,过后,你或许会收到感谢,获得回报,你或许得不到丝毫的谢意。不论如何,你不必耿耿于怀,你不要事事计较,既然为他人可以送去温暖,就要有不求回报之心,就要有过眼云烟的境界,自然而然,心境宽广起来,眼界开阔起来,身边的一切事情就会如你所愿。

(三)团队精神与团队建设

(1)团队精神。团队精神是大局意识、协作精神和奉献精神的集中体现,核心是协同合作,反映的是个体利益和整体利益的统一,并进而保证组织的高效率运转。团队精神的形成并不要求团队成员牺牲自我,相反,挥洒个性、表现特长保证了成员共同完成任务目标,而明确的协作意愿和协作方式则产生了真正的内心动力。团队精神是组织文化的一部分,良好的管理可以通过合适的组织形态将每个人安排至合适的岗位,充分发挥集体的潜能。如果没有正确的管理文化,没有良好的从业心态和奉献精神,就不会有团队精神。团队精神具有目标导向功能、团结凝聚功能、促进激励功能、调节控制功能,团队精神能推进团队运作和发展,培养团队成员之间的亲和力,有利于提高组织效能。

(2)团队建设。团队建设是指为了实现团队绩效及产出最大化而进行的一系列结构设计及人员激励等团队优化行为。系统论的新生特性原理指出,系统要素按照特定结构组成为系统以后,形成系统功能,系统功能中超出各要素功能总和的部分，就是系统的新生特性。新生特性原理表达了"1+1>2"的本质内涵在于结构有序性，团队建设应注意遵循这一原理，构建团队成员的有序结构。

四、智商提升与职业能力

智商（Intelligence Quotient，IQ）是衡量个体智力高低的指标。心理学界采用个人智力测验成绩和同年龄被试成绩相比的指数，来衡量个人智力高低，在现实生活中其实意义不大。对智商概念进行社会价值取向修正，可以引申为个体的综合职业能力。

（一）拔尖创新型农业人才的职业能力培育

（1）创新精神与创新能力。拔尖创新型农业人才培养，应聚焦创新精神与创新能力培养。创新精神是指能够综合运用已有的知识、经验和方法进行发明创造、改革、革新的意志、信心、勇气和智慧。创新精神属于科学精神和科学思想范畴，是进行创新活动必须具备的一些心理特征，包括创新意识、创新兴趣、创新胆量、创新决心、创新思维以及相关的思维活动。创新能力是指在科学、技术、工程领域或各种社会实践活动领域中提供具有经济价值、社会价值、生态价值的新思想、新理论、新方法和新材料等新发明或新发现的实际能力。

我国数千年的教育发展史，闪烁着一些简单而朴素的创新能力培养的思想和方法。两千多年前春秋时期的老子（李耳）就在《道德经》中提出"天下万物生于有，有生于无"的创造思想；孔子提出"因材施教"以及"不愤不启，不悱不发。举一隅不以三隅反，则不复也"的思想。1919年，著名教育家陶行知先生第一次把"创造"引入教育领域，他在《第一流教育家》一文中提出要培养具有"创造精神"和"开辟精神"的人才，认为培养学生的创新能力对国家富强和民族兴亡有重要意义。创新的关键在人才，人才的成长靠教育。

学界对创新能力的理解各不相同，可以划分为三种观点：第一种观点认为创新能力是个体运用一切已知信息，包括已有的知识和经验等，产生某种独特、新颖、有社会或个人价值的产品的能力，包括创新意识、创新思维和创新技能等三部分，核心是创新思维。第二种观点认为创新能力表现为两个相互关联的部分，一部分是对已有知识的获取、改组和运用，另一部分是对新思想、新技术、新产品的研究与发明。第三种观点从创新能力应具备的知识结构着手，认为创新能力应具备的知识结构包括基础知识、专业知识、工具性知识或方法论知识以及综合性知识四类。

在科学技术飞速发展的今天，创新精神和创新能力越来越成为一个国家国际竞争力和国际地位的最重要的决定因素。改革开放以来，我国创新能力有了很大提高，少数科学研究和技术创新在世界上也占有一席之地。但不可置疑的现实是，我国创新能力与国际先进水平的差距较大。从人才培养角度分析，中国学生应试能力强，但动手能力特别是创新能力较差，与美国等西方发达国家学生存在明显的差距。究其原因，知识传授中心主义导向的中国教育，过早地将大量知识灌入学生脑中，在一定程度上压抑了学生的思维空间，形成了知识压抑思维的现实悲剧。

目前，学前教育小学化、小学教育大学化、大学教育轻松化现象愈演愈烈，小学生从手提式书包到背负式书包，进而发展到拖车式书箱的历史演变发人深省，我们的下一代为"万众创新、大众创业"留下了多少思维空间？德国的一个幼儿园家长起诉，因为幼儿园教师教了学生一个字母，家长以"幼儿成长是在玩要中开拓思维，教知识占据了开拓思维的时间而影响幼儿思维发展；幼儿口腔发育不全不适宜教知识，所教字母可能因口腔发育不充分而发音不准导致以后无法纠正"等理由，最终胜诉。与之对应，我国的很多家长以幼儿背诗词、说英语单词、写汉字为荣，演绎出许多"牺牲幼儿思维发展博取家长虚荣心"的故事；很多小学教师评价学生的价值取向是以学生掌握了多少学校未教过的知识为依据，学校和教育行政部门考核教育教学质量也是基于成绩导向，教学大纲和教材内容负荷过大，把中国小学生的家长都拖入陪读陪学，社会成本多大？价值几何？谁绑架了中国学前教育和初等教育？

（2）知识产权与学术规范。拔尖创新型农业人才培养，必须形成一定的创新教育成果，同时也必须奠定学生毕业后参加工作的职业适应性基础，知识产权和学术规范训练是职业能力培养的重要内容。

知识产权是指权利人对其智力劳动所创作的成果和经营活动中的标记、信誉所依法享有的专有权利，包括著作权和工业产权两大类。随着科技的发展，为了更好保护产权人的利益，知识产权制度应运而生并不断完善。2017年4月24日，我国首次发布《中国知识产权司法保护纲要》。2018年9月，中共中央办公厅、国务院办公厅印发《关于加强知识产权审判领域改革创新若干问题的意见》，为知识产权保护提供了执行依据。

目前，我国知识产权领域存在诸多问题，最突出的是重视著作权而忽视工业产权及其成果转化。由于多数高校和科研机构实行SCI重奖机制以图突破ESI全球排名，引导教学科研人员拼命刊发SCI论文，很多国家科研经费支撑的研究项目，有不少可以适用工业产权保护策略并转化为现实生产力的研究成果，刊发SCI论文后成为全球知识库公共资源和公开文献，某种意义上有"卖国贼"之嫌！中国纳税人支撑的研究成果，公开成了全球性公开文献，失去了支持本国经济发展的机会和空间（当然也可以说具有伟大的国际主义意义）。

学术规范是指学术共同体内形成的进行学术活动的基本规范，或者根据学术发展规律制定的有关学术活动的基本准则。它涉及学术活动的全过程和学术活动的方方面面，包括学术研究规范、学术评审规范、学术批评规范、学术管理规范等。具体表现在三个层面：内容层面的规范、价值方面的规范和技术操作层面的规范。

未遵守学术规范的行为称为学术不端行为，主要表现在三个层面：一是学术失范，指未遵守学术规范而开展的学术活动或结果呈现，是一种无主观故意的行为。如未受过正规训练而开展的不符合学术规则的研究活动、试验材料不典型、试验试剂纯度不够、数据采集方法不严谨、抽样数据不合理、数据统计分析方法错误等。二是学术不端，主要指学术活动中的主观故意行为，主要指捏造数据、篡改数据、剽窃他人成果，也包括一稿多投、侵占学术成果、不当署名、伪造学术履历等行为。三是学术腐败，主要指利用职权侵占他人学术成果或占有学术资源，这是一类利用领导权力、学术寡头地位或其他特殊地位的主观故意和非法占有行为，性质恶劣，影响极坏。最近 20 年，中国的学术不端现象可谓达到了空前的高度，虽说已引起有关部门的高度重视，但惯性作用仍然很大，代理申报专利、代写论文、代办计算机软件著作权、代发著作等专业化公司仍然活跃。

学术道德教育应该成为拔尖创新型农业人才培养的必修内容。学术道德是指进行学术研究时遵守的准则和规范，遵守学术道德的核心是学术诚信，考试作弊、抄袭作业都属于诚信缺失范畴，剽窃和代写论文则是非常严重的学术道德问题。学术道德是治学的起码要求，是学者的学术良心，其实施和维系主要依靠学者的良心及学术共同体内的道德舆论，依赖治学者自律和学者榜样示范，违反者必须施之以学术惩戒，严重者追究民事责任甚至刑事惩罚。

（3）学派的科学哲学分析。《辞海》对学派的解释为：一门学问中由于学说师承不同而形成的派别。这是指传统的"师承性学派"，因师承传授导致门人弟子同治一门学问而形成。同样，以某一地域、某一国家、某一民族、某一文明、某一社会、某一问题为研究对象而形成具有特色或同质性学术传统的学术群体，也可称为学派，属于"地域性学派"（包括院校性学派）或"问题性学派"。

笔者曾与中国人民大学郑杭生先生探讨学派问题，受益匪浅。第一，国内学术界学派意识淡薄，尤其是人文社会科学领域，过度推崇欧美学派，殊不知中华民族乃至东方文明与西方文明存在极大的文化背景差异。第二，学派传承乏力，大师开创学术领域，一方面"大师"没有学派传承意识，不重视学派传承人遴选与培养，导致发扬光大不够；另一方面，后进者学术研究的方向不明朗，忽视学术领域的"马太效应"，导致后继无人。第三，学派内部团队运行机制不畅，大师带领若干助手开拓学术领域，助手们升任教授以后纷纷自立门户各自为政，导致学派传承和发展受阻。第四，重视学派的学术资源继承而忽视学派的学术传统传承。大师开拓了学术领域，同时也积累了学术资源，下一层次者往往只关注学术资源的继承，自己能够捞到多少学术资源，甚至有大师想把学术资源转交给子女或亲近者而不顾全学派传承大局。

学派也是一个双面刃，没有学派意识将导致学派传承乏力，过度强调学派意识也可能形成"门户之争"，形成公共资源学派化、学术寡头权力化等怪象。中国文化中有"左倾""右倾"之说，孔子的中庸之道在学术领域也是有价值的，尊重事实、尊重科学、恪守中庸和学术良心是克服门户之争心理的关键，也是一种学术道德。

拔尖创新型农业人才培养需要一定的学派意识教育，青年才俊的跨越式发展，"四青"（指青年千人计划、青年拔尖人才、青年长江学者和优秀青年科学基金项目）人才的重点培育，需要依赖学派支撑和学术资源倾斜政策。目前，中国高校和科研机构纷纷出台引进人才政策，试图提升本单位的学术地位，但人事部门引进的高端人才，或许在此前具有良好的研究基础和学术成果，但引进后如何融入本单位团队或学派，全靠被引进者的个人人脉资源，更有甚者引进人才组建学派，实施效果值得怀疑。学术研究是积累性的，同时也需要依赖学派传承，引进的青年才俊短短几年内要出大成果实属不易，组建团队形成学派更是难上加难。

（二）复合应用型农业人才的职业能力培育

（1）职业道德与奉献精神。复合应用型农业人才指向高素质管理人才培养，职业道德和奉献精神教育尤为重要。广义的职业道德是指从业人员在职业活动中应该遵循的行为准则，涵盖了从业人员与服务对象、职业与职工、职业与职业之间的关系。狭义的职业道德是指在一定职业活动中应遵循的、体现一定职业特征的、调整一定职业关系的职业行为准则和规范。个体层面的职业道德规范可以概括为：爱岗敬业，忠于职守，乐于奉献；实事求是，诚实守信，不弄虚作假；依法行事，办事公道，严守秘密；公正透明，服务群众，奉献社会；提升素质，加强修养，善待他人。

奉献精神是一种爱，是对自己事业的不求回报的爱和全身心的付出。对个人而言，就是要在这份爱的召唤之下，把本职工作当成一项事业来热爱和完成，从点点滴滴中寻找乐趣，努力做好每一件事、认真善待每一个人，全心全意为人民服务，履行党和人民赋予的光荣职责。同时，还要努力地用这份爱去感染身边的每一个人，用大家的无私奉献编织出事业的美丽蓝图。

（2）全局意识与资源优化配置。复合应用型农业人才走上工作岗位以后，不同程度地掌握了一定的资源控制权，在资源优化配置实践中，必须具有全局意识。全局意识是指能够从客观整体的利益出发，站在全局的角度看问题、想办法，做出决策。全局是一个相对概念，顾大家，舍小家，讲究的就是全局意识。更高层面的全局意识，就是国家利益至上，社会责任优先。

资源配置是指对相对稀缺的资源在各种不同用途上加以比较做出的选择或决策。资源是指社会经济活动中人力、物力和财力的总和，是社会经济发展的基本物质条件。在经济社会发展特定阶段，相对于人们的需求而言，资源总是表现出相对的稀缺性，从而要求人们对有限的、相对稀缺的资源进行合理配置，以便用最少的资源耗费，生产出更多最具价值的商品和服务，获取最佳的效益。资源配置合理与否，对经济社会发展有着极其重要的影响。

（3）执行力与决策能力。复合应用型农业人才的就业方向主要是管理岗位，包括农业行政管理、农业企业管理、农村事务管理等，必须加强执行力和决策能力培养。执行力就是在既定的战略部署或工作计划愿景前提下，对内外部可利用的资源进行综合协调，制定出可行性的实施方案，并通过有效的执行措施和条件保障，最终实现组织目标、达成组织愿景的一种力量。执行力是一个变量，不同的执行者在执行同一任务时可能得到不同的执行结果。管理实践中必须注意不断积累管理资源，提升执行力。

决策能力是决策者所具有的参与决策活动、进行方案选择的技能和本领。决策能力是一个多维能力体系，它主要包括三类：一是基本能力。即进行决策活动应具备的起码的技能和本领，如正常体力、学习能力、思维能力、认知能力、语言表达能力等。二是专业能力。是使决策工作能达到预定目的、取得一定成效而需要的技能和本领，包括决断能力、分析能力、综合能力、判断能力、组织能力、指挥能力、控制能力、自检能力等。三是特殊能力。是使决策具有创造性、产生极大成效所需要的不同寻常的技能和本领，包括逻辑判断能力、创新能力、灵活应变能力、人际交往能力以及决策者的灵活、悟性、敏感性等。决策能力除了类的区分外，还有量的差别。

（三）实用技能型农业人才的职业能力培育

（1）工匠精神与大国工匠意识。加快现代农业建设，首要任务是推进农村人力资源开发，在全力推进农业科技创新人才、农业技术推广人才和新型职业农民培育的同时，应高度重视现代农业农艺工匠的培育。中国要实现从农业大国向农业强国转变，必须依靠一大批各具特色的农艺工匠，来支撑品牌农业建设、农产品提质增效、农业转型升级，构建中国农业的核心竞争力。李克强总理在 2016 年《政府工作报告》中提出"工匠精神"新概念。工匠精神是一种职业精神，是从业者的职业价值取向，核心内涵是敬业、精益、专注、创新，具体表现为爱岗敬业的职业精神、追求卓越的创造精神、精益求精的品质精神、用户至上的服务精神。大国工匠是中国制造前行的精神源泉，创新驱动战略的大众基础，产业竞争发展的品牌资本，个人职业发展的道德指引。中国是一个农业大国，更应该在农业行业推进大国农艺工匠培育，他们应该是懂农业、爱农村、爱农民、有专注精神、有创新精神、有敬业精神的"一懂两爱三有"新型职业农民（图 4–3）。

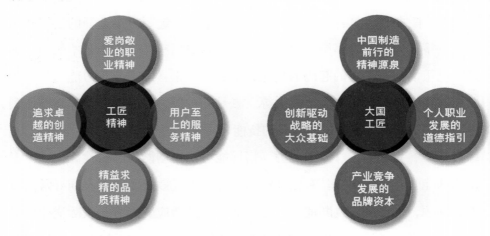

图 4–3　工匠精神与大国工匠意识

（2）农艺工匠的创业空间。农艺工匠具有广阔的创业空间，但具体某人只能朝某个方向定向发展，体现实用技能型农业人才的"专注"。高端农产品是指面向高收入群体或高端消费者的名、特、优、精品农产品，通过高价营销策略实现限量产品的高额利润。高端农产品是农艺工匠独特的创业空间，农产品地理标志、中国地理标志保护产品、重要农业文化遗产等传统品牌农产品需要农艺工匠传承技艺、维护品牌声誉。地方特色农产品需要农艺工匠凝炼地域性特色、塑造差异化品质、注入地域性文化、打造特色化品牌。优质农产品需要农艺工匠提炼品质特色、明确优质指标、传播优质文化、塑造优质品牌、奠定市场营销基础。精品农产品是面向高收入群体或高端消费者的高端消费品，需要农艺工匠注入更多的劳动时间和精力，实现高额利润（图4-4）。

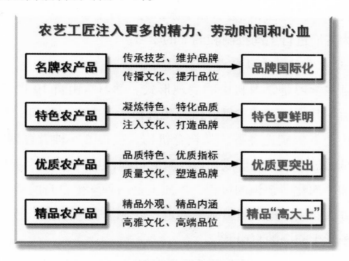

图4-4 农艺工匠的创业空间

第二节 自主学习实践论

自主学习是学习者自主制订学习目标，自主获取和准备学习素材，自主完成学习任务的一种学习方式。学习者通过独立地分析、探索、实践、质疑、创造等来实现学习目标，从而实现学习能力提升。自主学习强调自主性、自为性、自律性，通过自主制订学习目标、选择学习内容、实施学习过程、完成学习任务的全过程自为和自律控制，全面提升学习者的知识获取能力、知识组织能力、工具应用能力和自主学习能力。

一、自主学习立论基础

教育界对自主学习的看法尚存在一些分歧。维果斯基学派的心理学家认为，自主学习本质上是一种言语的自我指导过程，是个体利用内部言语主动调节自己学习的过程；操作主义的心理学家认为，自主学习本质上是一种操作行为，是个体基于外部强化而对自己的学习进行自我监控、自我指导和自我强化的过程；社会认知学派认为，自主学习是学习者在元认知、动机和行为方面进行主动控制和调节的学习。

（一）自主学习与学习自由

（1）自主学习是学习自由的表现形式。学习自由自 19 世纪初在柏林大学产生后，其内涵不断丰富，由最初选择学习内容、时间、方式和发表意见的自由，发展到选择哪一类教育机构、获得哪一种教育训练的自由。学习过程是通过学习活动形成知识经验的过程，也是在形成经验的同时"发现"知识和"内化"知识的过程，本质上是一种学生自身的活动过程，教师的教学方法必须根据学习目标来确定，必须以学生的需求、兴趣为中心，并且要给予学生充分的自由 [29]。

（2）学习自由是大学对学习者的内在规定。大学研究和传授高深学问，这些学问或者还处于已知与未知的交界处，或者是虽然已知但由于它们过于深奥神秘，常人的才智难以把握。因此，大学的学习内容，不再纯粹是毫无疑问的基本常识，其中许多内容没有固定的、统一的答案，需要学生自己寻找、自己做出判断，自主研究、自由学习成为大学生学习的重要形式。大学学习这一本质特征，要求大学的学习过程比初等教育和中等教育具有更大的自主性和自由性。大学教育是一种成年人的教育，大学学习过程所要求的自主性、自由性和大学生认知发展的特点表明，学习自由是大学对学习者的内在规定。

（二）自主学习与以人为本

从哲学的角度探讨，以人为本是一种原则，也是一种价值取向，同时还是一种思维方式。作为一种原则，它充分肯定人在社会发展中的主体地位和主体作用；作为一种价值取向，强调尊重人的合法权益，尊重人的个性发展，尊重人的独立人格，从而促进人的全面发展；作为一种思维方式，它要求在思考和解决一切问题时，都要把尊重人、解放人放在首位，要以个体社会为目标。

从教育自身性质来看，教育是人的活动，是以人为对象的社会实践活动，人是教育的主体，以人为本是教育的应有之义，进而可引申为"以学生为本"，强化学生主体意识。自主学习是对以人为本教育理念的主动实践，人类主体性的显著标志是主观能动性，包括人类行为的目的性、选择性、自我调节性，自主学习正需要全面调动人的主观能动性，全面提升学习效果。

教育层次的递进伴随着学生年龄增长和自我主体意识增强而跃迁，故有"小学生背书、中学生读书、大学生看书、研究生翻书"之说，小学生拥有的背景知识极少，学习能力较弱，"背书"是一种重要的被动学习策略，中学生已有了一定的背景知识，理解接受能力有所提高，同时还要考虑中考、高考等因素，认真读书是很重要的，全面理解教材和考试大纲所规定的知识点；大学生基本成年，学习能力进一步提高，要考虑学习任务量的提升，因此"看书"以提高学习效率；研究生必须以自主学习为主，根据任务需要"翻书"以定向获取知识。也就是说，随着学生年龄增长，自主意识不断增强，自主学习能力也不断提升，安排的自主学习时间和内容也应更多。进入大学阶段教育以后，专业人才培养方案中安排的课程教学任务，一般是大一、大二、大三、大四递减，目的就是逐步增加自主学习内容和时间。进入研究生阶段，课程学习任务很少，主要依赖学习者的自主学习来完成论文研究和个体的定向发展。因此，随着教育层次的递进式提升，逐步减少统一安排的课程教学，逐步强化自主学习，这种实施策略实际上早已贯穿于国民教育体系（图4-5）。

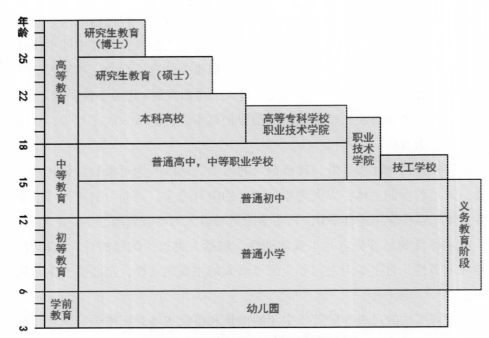

图 4-5　我国现行的学校教育体系示意图

（三）自主学习与终身学习

终身学习是指社会每个成员为适应社会发展和实现个体发展的需要，贯穿于一生的持续学习过程。人们常说"活到老学到老""学无止境""学海无涯"，是对终身学习的经典说法。目前，很多老年人在学习使用电脑，手机购物、手机支付等基本生活技能也必须紧跟形势不断学习，终身学习具有终身性、全民性、广泛性、灵活性、实用性等特征，已贯穿于现代人生活和工作的方方面面。人类进入知识经济时代，终身学习不再是一种追求，而是生活的本质内涵。

终身学习是一种全民性现象，但不同个体的学习能力存在很大的差异，可见终身学习能力源于自主学习能力的提升和训练，学校教育期间也应注意培养学生的自主学习能力，奠定终身学习基础。

二、自主学习控制模型

（一）大学生自主学习宏观控制模型

大学生的自主学习，主要指学校制订的专业人才培养方案以外的学习（专业人才培养方案或课程教学计划中也可能安排部分自主学习内容），专业人才培养方案安排的学习任务和个体自己安排的学习任务是同步进行的，要求学习者必须具有良好的时间管理意识、情绪管理意识和学业求助策略（向教师、同学、学长、同门师兄弟等求助），强调学习过程中的自我监控、自我指导、自我强化、自我评价，重视学习者在元认知、动机和行为等方面的自主控制和调节。学生在完成专业人才培养方案安排的学习任务的前提下，通过制订全学程自主学习计划、做好自主学习材料及相关准备工作、有序完成分阶段自主学习任务，实时开展自主学习过程中的学习内容与学习进程的反馈调控，实现知识获取能力、知识组织能力、工具应用能力、自主学习能力的全面提升，达到专业培养目标要求（图4-6）。

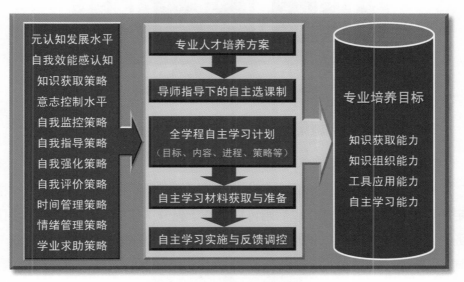

图4-6 自主学习的宏观控制模型

（二）自主学习的个人操作模型

自主学习是当代人终身需要的学习技能，学校教育阶段在完成正常学习任务的前提下，也必须开展一定的自主学习，以养成主动学习习惯和提升自主学习能力；职业生涯必须通过自主学习不断完善和充实自己，以适应时代发展需要。自主学习的个人操作模型，是在明确了学习目标和学习内容以后，制订具体的学习计划，做好自主学习材料准备、场地准备和其他必要的学习条件准备，自主学习实施过程中，可以开展独立性自主学习或操作性自主训练，通过朋辈间协商讨论强化学习效果，也可求助于本领域专家解决疑难问题，最后实现自主学习，在完成学习任务的前提下不断提升自主学习能力（图4-7）。

图4-7 自主学习的个人操作模型

三、自主学习实施策略

（一）任务驱动式学习

自主学习领域的任务驱动式学习，学校教育期间可以是教师或导师指定的学习任务，参加工作以后则可以是基于提升工作能力而明确的学习任务，这类学习任务可以是知识获取类任务，也可以是知识组织类任务或工具应用类任务。在这里，对于知识获取类学习任务，主要通过文献检索、资料查阅、数据分析、调查研究等来实现；对于知识组织类学习任务，主要通过整理、分析现有知识和文献资料所承载的知识的关联和逻辑关系，理清知识链结构；对于工具应用类学习任务，通过多途径获取工具种类及其相关技术资料，通过文本学习和操作训练来完成。根据学习任务内容、难度和自己的知识背景，设计学习目标、准备学习材料、实施学习过程，并根据具体情况进行一定的巩固性练习或评价，最终实现学习目标，获得知识自主学习能力提升，同时在知识获取能力、知识组织能力、工具应用能力方面达到预期效果（图4-8）。

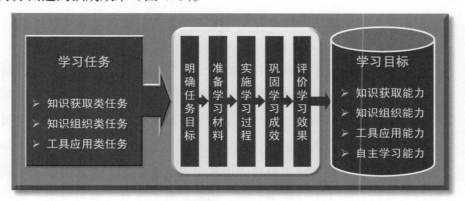

图4-8 任务驱动式学习

（二）探索性学习

探索性学习是指学习者在特定学科领域内或现实生活情境中选取某个问题作为突破点，提出科学问题，通过查阅文献提出科学假设，再通过调查或试验验证假设是否正确，最终提出科学问题的解决办法（图4-9）。探索性学习类似于科学家进行科学研究的过程或方法，并在这个过程中学会科学的方法和技能，训练科学思维方式，形成科学观点和科学精神。

图4-9 探索性学习的一般流程

（三）研究性学习

研究性学习直接以培养创新意识、创新思维、创新能力为目标，由学习者自选研究课题，设计研究方法并完成研究任务。目前，研究性学习与社会实践、社区服务、劳动技术教育共同构成"综合实践活动"，作为必修课程列入《全日制普通高级中学课程计划（试验修订稿）》中。进入大学教育阶段，学生可以自主申报国家级大学生创新创业计划项目、省级大学生研究性学习项目和校级研究性学习项目，并给予一定的经费支持，很多实验室也对研究性学习项目开放，全力支持大学生开展研究性学习。

（四）朋辈互助学习机制

承担卓越农业人才培养的农林高校，应积极鼓励学生自主学习，帮助学生构建朋辈互助学习机制。朋辈互助的学习团队可按指导教师或导师的学生群体组建团队，团队成员包括不同年级的研究生和本科生，多层级的学习者群体构建一个有机的学习团队，形成多途径的朋辈互助学习机制：一是实行学术交流例会制，每周固定某个时间召开学术交流会议，形成导师全程参与指导的学术交流例会制，团队成员分享自主学习成果，构建开放性的学习交流平台；二是层级化协助指导制，一个学习团队内部的博士研究生、硕士研究生和不同年级的本科生，可以形成高层次对低层次或高年级对低年级的层级化指导或辅导；三是朋辈互助常态化，无论是学习活动、科技创新活动还是生活交流或心理互助，都可以依托学习团队的朋辈互助学习机制，实现成长过程的朋辈互助常态化、朋辈交流经常化、朋辈合作无缝化。

第三节　面向对象的因材施教论

一、因材施教的教学原则

学习者的个别差异是客观存在的，因材施教就是根据学习者的具体情况来开展教育教学活动。孔子最早提出了因材施教的思想，他对每个学生的才能、兴趣、性格、特长都非常了解，根据学生的不同特点，提出不同的要求。《学记》对因材施教思想进行了概括："学者有四失，教者必知之，或失则多，或失则寡，或失则易，或失则止，此四者，心之莫同也。"学生表现出来的个别差异，既有学习起点上的差异（即知识背景和能力本底），也表现为发展方向可能出现差异（人格特质方面的职业发展优势区差异）。作为教师只有提出与他们起点相适应的教学要求，开展与他们特点相适应的教育教学活动，才会形成更好的人才培养效果和质量。因此，教师在教学前要找到每个学生的个性特点、心理发展水平等方面的起点，并为此而设计个性化的教学活动或指导方案，使每个学生在原有的基础上都得到较好的发展和提升[30]。

实际执行中，基于班级授课制的教育教学活动，只能以学生班级群体为因材施教的对象主体，适当照顾个别差异，所以班级授课制条件下的因材施教分析目标是教学班的学生群体。但实际操作中也有问题，笔者曾在某独立学院分管教学工作，其母体高校的教师在教学实践中总是埋怨学生素质太差，课程考试也总是一大批学生不及格，为此而组织母体高校的教师探讨：独立学院的学生群体是"三本"学生，母体高校的学生是"一本"学生，招生时就存在较大的文化基础差异，不能按照"一本"学生的教育教学经验和心理期望来实施"三本"学生的教育教学活动，更不能按照"一本"学生的试题水平来考核"三本"学生，班级授课制条件下的因材施教首先要准确分析教学班的学生群体特征和学习能力水平。

研究生教育阶段，课程教学采用班级授课制，导师则是研究生教育培养的责任主体，因材施教的要求更高，导师必须准确把握学生个体的背景知识、能力本底、心理特征、发展意愿、发展潜力等，并在此基础上设计个性化的培养方案和实施策略，实施因材施教的个性化培养，促进学生个性化发展。

二、面对对象的因材施教

因材施教是教育界的一个经典话题，也是教育界公认的基本教学原则。实际上，因材施教包括两层含义：其一是根据所用教学材料（如教材）使用恰当的教学方法和教学艺术；其二是根据不同教学对象（学生），来设计并实施不同的教学内容、教学方法和教学过程。在这里所指的面向对象，主要讨论后一层含义。

因材施教贯穿于全部教育教学活动中，必须开展面向对象的因材施教，面向对象强调的是对象主体，在不同的教育教学活动实施场景，面向对象具有不同的内涵。在教育教学实践活动中，"面向对象"至少包括 4 个层次：面向专业学生群体的人才培养方案、面向教学班的课程教学计划、面向课堂的课时授课计划和面向学生个性化发展的指导方案和实施策略（图 4–10）。

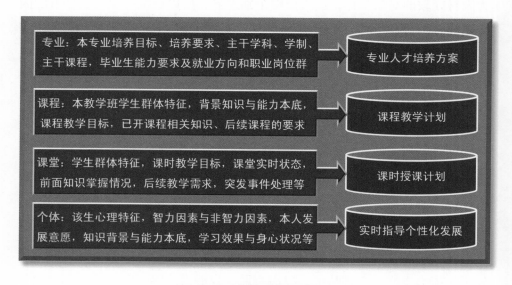

专业：本专业培养目标、培养要求、主干学科、学制、主干课程，毕业生能力要求及就业方向和职业岗位群 → 专业人才培养方案

课程：本教学班学生群体特征，背景知识与能力本底，课程教学目标，已开课程相关知识、后续课程的要求 → 课程教学计划

课堂：学生群体特征，课时教学目标，课堂实时状态，前面知识掌握情况，后续教学需求，突发事件处理等 → 课时授课计划

个体：该生心理特征，智力因素与非智力因素，本人发展意愿，知识背景与能力本底，学习效果与身心状况等 → 实时指导个性化发展

图 4–10　面向对象的因材施教

一般来说，专业人才培养方案是由专业教学团队组织专家制订并经过反复论证和教学管理职能部门审核，需要充分发挥各方面的集体智慧，确

保专业人才培养方案的科学性、针对性和实效性。课程教学计划应由教师或教学团队集体讨论，必须在继承前人教学经验积累的前提下不断改进，不断提升人才培养质量。课时授课计划可以说是教师的个人行为，更多地体现教师的教学水平、教学艺术和教学经验积累。面向学生个性化发展的指导方案和实施策略，目前的事实是大部分教师的主要精力集中在完成教学任务，对学生的个性化指导差距很大，在这方面研究生导师在培养硕士、博士研究生的过程中积累了一定的经验，但从高质量培养卓越农业人才的要求来看，还需要教师投入更多的时间和精力。

（1）面向专业学生群体的人才培养方案。国家统计局数据显示，2017年我国有普通高等学校 2631 所，庞大的高等学校群体，在基本办学条件、师资队伍情况、教育教学资源等方面都存在很大的差异，面对这种层级差异有人将高校分为研究型、教学研究型、教学型，不管这种分类体系是否合理，教育教学资源差异是事实存在的，因此本科教学评估提出了三个符合度的概念：一是学校发展的目标定位是否符合国家、社会和学生全面发展的需求及学校的实际情况；二是学校的人才培养目标、教学体系、教育资源的配置与利用是否符合学校的目标定位；三是学校的教学效果即人才培养质量是否符合学校的目标定位。因此，制订专业人才培养方案时，不能照搬照抄他人模式。必须面向本专业的学生群体，开展学生群体分析，根据本专业培养目标、培养要求、主干学科、学制、主干课程和毕业生能力要求及就业方向和职业岗位群，科学编制专业人才培养方案。

（2）面向教学班的课程教学计划。教师承担某个教学班某门课程的教学任务，首先必须明确课程教学目标，编制课程教学计划。面向教学班学生群体开展的课程教学，必须较准确地把握该教学班的学生群体特征、背景知识和能力本底，根据课程教学目标及已开课程的相关知识和后续课程的要求，科学编制学期授课计划，实现授课进程与学生群体的学习能力水平基本吻合。

（3）面向课堂的学时授课计划。教师实施某次课堂教学，必须提前备课，即制订课时授课计划（教案）。面向学生群体开展的课堂教学，根据课时教学目标和课堂实时状态，综合考虑前面知识掌握情况和后续教学要求，以及可能出现的突发事件处理等，编制课时授课计划。

（4）面向学生个性化发展的指导方案。任课教师应根据课程教学情况，开展必要的课后辅导和个性化指导。承担本科生导师或研究生导师的教师，更应投入大量时间和精力对学生实施个性化指导，包括新生入学适应指导、生活指导、学业指导、心理疏导、就业创业指导等。教师必须根据学生心理特征，综合分析其智力因素（观察能力、记忆能力、思维能力、想象能力、逻辑判断能力等）和非智力因素（兴趣、爱好、情绪、性格、气质、意志等），把握该生的知识背景和能力本底，以及实时学习效果和身心状态，来实施个性化发展指导。

三、卓越农业人才生长规律探讨

（一）拔尖创新型农业人才生长规律探讨

世纪之初我国高校开始重视引进高端创新人才，一般是根据其原有业绩等级给予不同级别的优厚待遇，他们在科技创新领域发挥了重要作用，但也出现过一些问题。笔者分管教学工作时，有学生反映某教师课堂教学效果很差，了解到该教师是学校高薪引进的海归博士，遂带上督导团的专家们随堂听课考察，进入教室时我们照例跟这位教师打招呼："我们来跟班学习学习。"答曰："你们坐后面吧！"于是我们坐在后排随堂听课并考察课堂秩序，发现这位教师上课很有特色，上课铃响后对学生说："请同学们先自学教材第 65 页至 88 页"，便没有下文了，学生们按要求自己看书，该教师则使用自己随带的手提电脑操作，我们面面相觑，约 20 分钟以后，该教师说："看完了没有？"同学们答曰："看完了"。教师继续说："请接下来自学教材第 124 页至 156 页"。该教师便继续操作她的手提电脑，我们顾忌课堂秩序也不便有什么作为。待下课铃响后，我们找到该教师交流："你就这么上课的吗？"该教师答道："当然，我是学校引进的人才，怎么上课是我的事，你们管不着！"我们也管不了别的，只能为该教学班更换任课教师。如今已过去十多年了，该教师已步入中年，教学水平一般，科研也没有什么大成果，不由得发出感叹：学校花重金买到了什么？又从另一角度分析，该教师依赖海外条件发表了高档次论文，不能因此而说明她就是"学术天才"，至少还是有良好基础的，为什么其后十多年科研方面也没有突出成绩？

（1）团队意识与学派资源。拔尖创新型农业人才必须明确团队归属，并拥有一定的学派资源，这样才能实现其创新能力的可持续发展。目前我国高度重视青年人才的培养，国字号的青年人才包括：中组部千人计划中的青年千人计划（"青千"）和万人计划的青年拔尖人才（"青拔"）、教育部长江学者奖励计划中的青年长江学者（"青长"）、国家自然科学基金委设立的优秀青年科学基金项目（"优青"）、国家杰出青年科学基金（"杰青"）。高等学校和科研机构也不惜挥金如土纷纷引进、培养有潜质的青年才俊，这是体现国家战略的重要措施，但执行过程中也存在一些问题：一是引进人才无法归位团队或实质性融入团队。在科层制管理体制下，引进人才是人事部门的事，引进来以后如果不能实质性地融入某个创新团队，其科研产出也很难达到预期目标。二是引进人才的学派资源支撑。学派意识是一种学术领域的"潜规则"，学术成果的定向发展，学术人才的学派支持，学术文献的引证等，都存在学派意识问题。本质上说，学派是人为的，是在较大程度上由学术大师引领和控制的，引进人才如果得不到相应的学派资源支撑，后续发展必然艰难。笔者从中专调入本科高校，曾有十年的艰难期，帮他人做个材料很容易获得成功，自己主持的材料上报后沉入海底，原因很简单：没人认识你，学术大师们不了解你。

（2）时刻牢记科学精神。拔尖创新型农业人才必须加强科学精神培养和训练，时刻牢记科学精神，树立献身科学的远大理想。科学精神包括科学发展所形成的优良传统、认知方式、行为规范和价值取向。集中表现在：①主张科学认识来源于实践，实践是检验科学认识真理性的标准和认识发展的动力；②重视科学研究的方法论基础和研究方法创新，定性研究和定量分析是科学认识的基本方法；③倡导科学无国界，科学是不断发展的开放体系，不承认终极真理；④主张科学的自由探索，在真理面前一律平等，对不同意见采取宽容态度，不迷信权威；⑤提倡怀疑、批判、不断创新进取的精神。

科学精神首先体现在坚持真理。前些年有报道日本某女博士论文造假导师自杀，女博士被取消了博士学位大家都觉得理所应当，导师自杀则有很多人不理解，也许这是一种非常境界的"科学精神"。进入新世纪，国内学位"涨价"，不少事业上小有成就者纷纷攻读博士学位，但笔者感觉这类功利场上的成功人士速成"博士"，至少在科学精神方面是比较缺乏训练的。笔者曾参加一个国家级研究项目，放眼一望，主要研究人员基本都具有博士学位，其中不乏世纪之初的"速成博士"，细心观察之下，发现他们很善于附和权威专家，有时权威专家的观点或结论明明是错误的，不仅不敢纠正甚至还继续附和。某次学术讨论时有个小插曲，某权威专家在发言时总是将"茬"读成"zài"，我觉得不好，就纠正说该字应读"chá"，另一"速成博士"立即附和说"他老人家讲的是方言"。

尊重事实是科学精神的基本内涵。科学认识来源实践，基于调查研究、试验研究、实地考察所获得的事实和数据是形成科学认识的源泉，尊重事实和用数据说话是科学界的基本常识。但是，学术界始终存在学术失范、学术不端、学术腐败三个不同层面的行为。拔尖创新型农业人才必须通过严格训练，让学习者全面、准确掌握科学研究方法和最新研究手段，避免出现学术失范；篡改数据、歪曲事实、剽窃、不当署名等学术不端行为则依赖个人在科学精神修养方面的自律机制，也需要有相互监督的他律机制；学术腐败则是拥有学术权力或行政权力等特权者为之，根本谈不上科学精神。但是，在功利目标面前，不乏利用学术资源牟取名利者，也有攻读学位不顺利而急于毕业者，还有"引进人才"为达到考核目标而故意为之者。高校或科研机构引进青年才俊时一般都明确了任期考核指标，笔者认为这是一种基于"压榨工艺"的短视行为，科学研究需要较长时间的积累，海外归国的青年才俊，被引进到某一单位后，人际环境变了，科研条件也不同了，要在 1~3 年内贡献科技创新大成果，本来就困难很大，科技创新探索未知本来就成败难料，任期临近压力很大，不为名利也想保全"面子"（科学精神没有保全面子的义务），于是也促成一些引进人才身试学术不端。

科学精神主张科学无国界，但事实上科学家是有祖国的，国家利益至上是公民的责任，更应是科学家的担当。2016 年 5 月 30 日，习近平同志在《为建设世界科技强国而奋斗——在全国科技创新大会、两院院士大会、中国科协第九次全国代表大会上的讲话》中指出："科技是国之利器，国家赖之以强，企业赖之以赢，人民生活赖之以好。"拔尖创新型农业人才应具有献身我国现代农业建设的精神境界和实际行动，科技创新成果应服务于农业增收、农民致富和农村经济社会发展。目前部分高校为追求全球 ESI 学科排名而对 SCI 论文采取重奖策略，本身是"双一流"建设的有效措施，但也导致了重 SCI 论文而轻专利保护问题，国家或地方政府投入的大量科研经费，取得的一些关键技术或重大发现，本应申请专利保护，却以 SCI 源刊论文公诸于世，牺牲了纳税人的利益（科研经费源于纳税人的税赋支持），使这些关键技术或核心发现成为人类知识库的共同财富。

（3）自我修炼与价值观升华。拔尖创新型农业人才培养需要付出更多的社会成本（主要是教育成本和激励机制），所培养出来的高端创新农业人才属于社会精英阶层，社会给予的待遇和礼遇也能更好地激发其心理潜能，表现出更高的创造力。根据马斯洛需求层次理论，拔尖创新型农业人才或高端创新人才应处于自我实现需求层次，要体现对社会的引领性，起到示范榜样作用，他们具有较强的创造力，社会实践活动目标主要为实现自我价值（图 4-11）。因此，拔尖创新型农业人才或高端创新人才，更应加强自我提升，逐步实现价值观升华，实现自己的个人价值，体现更高层次的社会价值：具有强烈的社会责任感，对社会具有示范作用，发挥自己的创造力优势，以更多更高层次的科技创新成果奉献社会造福人民，实现自我价值。

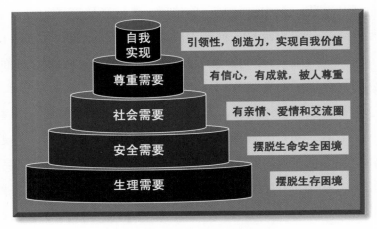

图 4-11　马斯洛需求层次理论图解

目前我国高校和科研机构高度重视引进高端人才，多数采用重金聘请策略，这在一定程度上带来一些不良影响，人才流动是正常现象，但"重金挖人才"给一些高端人才形成金钱诱惑，给被挖人的单位带来损失，挖人单位也只可能形成短期效益。有位心理学青年才俊与笔者有些私交，她很勤奋，工作业绩不错，35 岁评上了正高职称，她征求我的意见：某高校有意按 90 万元年薪求聘，另一所高校也有意按 100 万元年薪求聘，她自己所在高校的年收入约 30 万元，问我该何去何从？我谈了自己的认识，很庆幸她还是留在了原单位安心工作。我的基本观点如下：第一，天下至德，莫大乎忠。作为学者，首先要效忠祖国，同时也要忠诚对待培养我的工作单位和伴随我成长的团队，仅仅因为经济待遇而轻言抛弃，实在不可取：原有工作积累和团队伙伴丢失了，未完成的工作无法继续，进入新工作单位后又要重新开始。第二，身价与声誉孰轻孰重。90 万是 30 万的 3 倍，但每年 30 万元在当今中国已经属于高收入水平了，足以维持较高品质的生活（图 4-12）。多数人认为薪酬水平是个人价值的社会认同标准，对于低收入阶层，追求更高薪酬是无可厚非。对于拔尖创新型农业人才或高端创新人才，你的身价到底值多少？你的自我价值能够用金钱来作为衡量标准吗？孟子说过"穷则独善其身,达则兼善天下",高端创新人才应属于"达者","达者"被买来买去好像有失体面。实现自我价值，是向社会展示你的创造力，通过创新成果贡献社会造福人民。第三，高薪聘任背后的风险。科技创新探索未知世界，重大发现发明或重大科技创新成果并不是信手拈来，需要潜心研究也需要"机遇"，前期有了突出成果并不代表你以后一定会有更大的成果。高薪求聘者用高薪"买"什么大家心领神会，应聘后必然面临巨大压力，科技创新成果需要宽松环境而不是"压榨工艺"，创造力在巨大的心理压力下是不能有效发挥的，甚至有可能导致你后期一事无成。

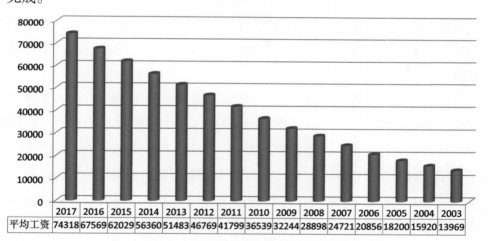

	2017	2016	2015	2014	2013	2012	2011	2010	2009	2008	2007	2006	2005	2004	2003
平均工资	74318	67569	62029	56360	51483	46769	41799	36539	32244	28898	24721	20856	18200	15920	13969

图 4-12　近 15 年来中国城镇职工年平均工资变化

（数据来源：国家统计局网站）

（二）复合应用型农业人才生长规律探讨

笔者 1986 年大学毕业分配到湖南省益阳农业学校任教，担任第一届招收初中毕业生的中专班主任，学生 1989 年毕业，次年就有 4 名学生担任了副乡长职务，当时的年龄都是 19 岁左右，作为班主任很为他们高兴，年轻有为，发展空间很大。如今已过 30 年，学生们也年过五十，19 岁担任副乡长的学生中仅有一位提拔到了副县长职位，其余三位仍是副主任科员（副科级非领导职务），另有 4 名在 30 岁左右才开始提拔重用者目前也到了副县级职位。不想宣传学而优则仕，仅仅由此而感悟人才生长规律，想想他们 19 岁担任副乡长必须面对纷繁复杂的基层行政工作，出现这种结果也就理所当然了。

（1）形象魅力与领导能力。复合应用型农业人才是服务于农业行政管理、农业企业管理和农村事务管理的高素质管理人员，在具有扎实的专业知识和广博型知识结构的基础上，必须关注形象魅力和领导能力训练。形象指能引起人的思想或情感活动的具体形态或姿态。个人形象是一个人所呈现的容貌、仪表、仪态，也是一个人内在品质的外部反映，它是反映一个人内在修养的窗口。个人形象既是个人发展的需求，也是社会发展对于个人的要求。复合应用型农业人才应树立良好的个人形象，呈现良好的形象魅力：明大德、守公德、严私德是贯穿于学习、工作和生活方方面面的总要求。

高素质管理人才不管是否担任领导职务，都必须重视领导能力培养和训练。领导能力是指领导者一系列行为的组合，这些行为将会激励人们跟随领导去要去的地方，不是简单的服从。一个头衔或职务不能自动创造一个领导。对于农业企业发展而言，CEO 及高管团队的领导能力显得格外重要，农业 CEO 的领导能力提升及职业化进程，是推进中国农业企业跨越式发展的重要策略。领导能力的核心是决策能力和执行能力。决策能力是指职权范围内的事务管理综合能力，主要包括三类：一是基本能力。它是进行决策活动应具备的基本技能和本领，包括正常体力、学习能力、思维能力、认识能力、语言表达能力、人际交流能力等。二是专业能力。它是使决策工作能达到预定目的、取得一定成效而需要的技能和本领，包括综合分析能力、判别决断能力、组织指挥能力、控制协调能力、自检督察能力等。三是特殊能力。它是使决策具有创造性、产生极大成效所需要的不同寻常的技能和本领，包括创新能力、优化能力、随机应变能力等。执行能力也称执行力，是指上级或本级的行政决策形成以后实现行政目标的实际能力，执行力不是简单地执行命令或完成任务，而是充分体现管理人员的个人智慧和集体智慧，在执行过程中创造性地完成既定任务。

（2）社会资源：能力与"能量"的博弈。能力是完成某项任务或实现某一目标所体现出来的综合素质。能力总是与一定的实践活动相联系，离开了具体的实践活动既不能表现人的能力，也不能发展人的能力。在实践活动中，不同个体具有不同的能力水平，这种能力水平取决于个体的知识、技能和综合素质等方面的差异，能力直接影响实践活动的效益和效率。复合应用型农业人才培养的关键是能力训练，在构建广博型知识结构和能力体系的同时，也必须关注"能量"积累，这里的能量不是物理学的能量，而是专指管理活动所需要的社会资源。为了应对需要和解决实际问题或完成具体任务，所有能提供而且足以转化为具体服务内涵的客体，皆可称为社会资源。管理活动中所需要的社会资源包括有形资源和无形资源，有形资源是指实践活动所拥有且能够支配的人力、物力、财力资源，这是基于职位的行政授权，但不同管理者在使用和控制有形资源来服务目标任务时具有很大的表现差异，如何在职权范围内合理使用和控制有形资源来有效地服务目标任务，是管理人员可以不断探索的综合素质体现。无形资源是指可以服务于实践活动的技术、知识、组织秩序、社会关系等。毛泽东与蒋介石的博弈就是一个典型案例，毛泽东十分善于组织和发挥无形资源的作用，即人民群众的力量。复合应用型农业人才在知识、技术方面的无形资源积累，可以通过学校教育和职场历练不断积累，也需要重视组织秩序构建和社会关系资源积累。在这里，组织秩序构建主要是指文化层面的组织秩序，对于企业来说就是企业文化，农业 CEO 应高度重视企业文化建设，通过物质表层、形式浅层、体制中层、观念深层的企业文化体系建设，形成企业的特有战斗力和持续生产力。社会关系资源实际上就是多样化的人脉资源。在人们追求事业成功和幸福生活过程中，同样也存在一个类似血脉的系统，称之为人脉。如果说血脉是人的生理生命支持系统的话，那么人脉则是人的社会生命支持系统。常言道"一个篱笆三个桩，一个好汉三个帮"，要想成大事，必定要有做成大事的人脉网络和人脉支持系统。经营人际关系是面，经营人脉资源是点；人际关系是过程，人脉资源是结果。可以这样说，没有人脉资源落地生根的人际关系是空泛的、毫无任何意义的人际关系，而人脉资源的开花结果则依赖于良好的人际关系基础。复合应用型农业人才的人脉资源积累包括一个广泛的范围：政府人脉资源、金融人脉资源、行业人脉资源、技术人脉资源、思想智慧人脉资源、媒体人脉资源、客户人脉资源、上级人脉资源、平级人脉资源、下属人脉资源等。

（三）实用技能型农业人才生长规律探讨

笔者有 8 年小铁匠经历，从 8 岁开始随父亲打下炉直到考上大学，2001 年祖宅风景林伐木，儿时的朋友过来帮忙，说你是"读书人"不能干这种活，操作过程中我看他们砍树的姿势动作和效率实在不敢恭维（非专业伐木的农民），接过斧头自己动手，一棵胸径 12 厘米左右的树，三斧头下去，用脚一蹬，树即倒地，大家十分惊奇，叹曰："到底是读书人，砍树都这么厉害！"我说："扯蛋！你们忘了我是铁匠出身！"这个故事可以说明三个问题：第一，能力是练出来的，从小在父亲的严格训练下，练就了稳、准、狠的铁锤功。第二，练出来的能力终生在身，随时可用。旧时铁匠需要训练丢轮锤，锤体从身体侧后方脚边丢出轮 270 度砸向目标，惯性原理大大增加了力度，但必须准确击中目标点，这种功夫换成用斧头砍树，一斧头下去可以砍进树体 5 厘米以上，所以才有令人惊叹的砍树表演。第三，能力训练必须全身心投入，即用心训练。铁匠手艺难学，涉及金属工艺学、力学、几何学、淬火等诸多知识和技术。打铁的时候若一锤砸出没打到目标点却砸在铁砧上，暴躁的老铁匠就直接在你头上来一铁钳还不准哭，看你用心不用心！

（1）理性定位职业发展。职业定位就是明确自己在职业上的发展方向，是个体职业生涯中的战略性问题。实用技能型农业人才培养，首先必须让学习者明确自己的职业定位：第一，了解你的处境。笔者将实用技能型农业人才培养定位在职业技术学院和中等职业学校层次，就是考虑职业教育领域不存在培养拔尖创新型人才的可能，高考筛选机制既然将你录取到了职业学校，就只有实用技能型和复合应用型两个方向，这是基于我国现代考试制度的宏观安排。第二，了解你的职业发展优势区。在霍兰德职业人格六边形中，如果你偏向于企业型或社会型职业人格特质，可以考虑朝复合应用型农业人才方向发展；如果你偏向于传统型或现实型职业人格特质，建议朝实用技能型农业人才方向发展。第三，尊重你的发展意愿。发展意愿不是口号，也不是空想，而是基于现实条件的兴趣、爱好和个人的理想抱负。如果你想成为企业家，应该朝复合应用型农业人才方向发展；如果你想成为实干家，必须朝实用技能型农业人才方向发展。

（2）平凡职业演绎平凡是福。拿破仑名言：不想当将军的士兵不是好士兵！这句话被很多人引用为励志经典，且不论"一将功成万骨枯"，没有士兵哪来的将军，还要看这个士兵是否具有指挥天赋和军事才能，勇者也许本来就只适合当个好士兵，所以，不想当将军的士兵也是好士兵！经济社会发展需要有少数人的伟大创举，更需要大量的社会主义事业建设者和脚踏实地的实干家。实用技能型农业人才，从事平凡职业，享受平凡人生，在平凡职业中贡献自己的智慧，在平凡人生中为社会主义事业添砖加瓦。人无贵贱之分，职业不论高下，扎扎实实地经营好家庭农场或农民专业合作社，或当好一名农机手，陪伴你的家人过上幸福生活，这是实用技能型农业人才的人生定位：平凡是福。

（3）工匠精神与服务意识。实用技能型农业人才的智慧贡献，主要体现在基于工匠精神的爱岗敬业、精益求精、专注执着、工艺创新等职业品质。实用技能型农业人才的主体是农艺工匠，他们是懂农业、爱农村、爱农民、有专注精神、有创新精神、有敬业精神的"一懂两爱三有"新型职业农民。实用技能型农业人才应具有强烈的服务意识，形成发自内心用户至上和生产优质农产品的本能和习惯，在品牌农业建设中发挥自己的智慧和创造力。

第五章　卓越农业人才培养机制改革

卓越农业人才培养的机制改革是一种源头性控制策略，即在人才培养实施之前预先设计人才培养运行机制，通过分类培养机制实现基于个体职业发展优势区的人力资源深度开发，通过连续培养机制实现基于学习进阶理论和教育生态链理论的学习过程优化，通过协同培养理论充分发挥多维教育资源生态位的教育教学职能，全面提升人才培养质量。

第一节　分类培养机制

一、分类培养的理论支撑

分类培养的理论基础是人格类型理论，根据个体所属人格类型，可以明确个体的职业发展优势区，在此基础上实施指向职业目标的人才培养过程，面向群体中的不同人格类型个体实施分类培养。人格类型理论（personality typology theory）是指西方国家职业指导理论。20 世纪 60 年代中期由美国职业指导专家霍兰德（John Holland）创立。中心论点是：第一，现实社会中的每个人，其人格类型都可能以其主要方面划归某一类别，每一特殊类型人格的人会对相应职业类型中的工作感兴趣，并具有该领域的发展潜质；第二，人们寻求能获得技能、培养智力、发展能力倾向、感到愉快的职业环境，这种心理倾向取决于其职业人格类型；第三，一个人的行为取决于个体人格与所处环境特征之间的相互作用，在个体职业人格类型与实际从事的职业岗位较吻合的前提下，个体能获得更好的职业发展。

（一）职业人格类型划分

（1）社会型（S）。喜欢与人交往、不断结交新的朋友、善言谈、愿意教导别人，关心社会问题，渴望发挥自己的社会作用，寻求广泛的人际关系，比较看重社会义务和社会道德。这类人格拥有者喜欢要求与人打交道的工作，能够不断结交新朋友，乐于从事提供信息、启迪、帮助、培训、开发或治疗等事务工作并具备相应能力，如教育工作者（教师、教育行政人员）、社会工作者（咨询人员、公关人员）。

（2）企业型（E）。追求权力、权威和物质财富，具有领导才能，喜欢竞争，敢冒风险，有野心、抱负，为人务实，习惯以利益得失、权力、地位、金钱等来衡量做事的价值，做事有较强的目的性，喜欢从事具备经营、管理、劝服、监督和领导才能以实现机构、政治、社会及经济目标的工作并具备相应的能力。如项目经理、销售人员、营销管理人员、政府官员、企业领导、法官、律师。

（3）传统型（C）。尊重权威和规章制度，喜欢按计划办事，细心，有条理，习惯接受他人的指挥和领导，自己不谋求领导职务，喜欢关注实际和细节，较为谨慎和保守，缺乏创造性，不喜欢冒险和竞争，富有自我牺牲精神，喜欢要求注意细节、精确度、有系统、有条理等方面的工作并具备相应能力，如秘书、办公室人员、记事员、会计、行政助理、图书馆管理员、出纳员、打字员、投资分析员等。

（4）现实型（R）。愿意使用工具从事操作性工作，动手能力强，做事手脚灵活，动作协调，偏好于具体任务，不善言辞，做事保守，谦虚谨慎，缺乏社交能力，喜欢独立做事，喜欢使用工具、机器等需要操作技能的工作并具备相应能力，如技术性职业（计算机硬件人员、摄影师、制图员、机械装配工）、技能性职业（木匠、厨师、技工、修理工、农民、一般劳动者）。

（5）研究型（I）。思想家而非实干家，抽象思维能力强，求知欲强，肯动脑，善思考，不愿动手，知识渊博，有学识才能，善于逻辑分析和推理，不善于领导他人，喜欢从事智力的、抽象的、分析的、独立的定向任务并具备相应的能力，如科学研究人员、工程师、电脑编程人员、医生、系统分析员。

（6）艺术型（A）。有创造力，乐于创造新颖、与众不同的成果，渴望表现自己的个性，实现自身价值，做事理想化，追求完美，不重实际，具有一定的艺术才能和个性，善于表达、怀旧、心态较为复杂，不善于事务性工作，喜欢从事要求具备艺术修养、创造力、表达能力和直觉的工作并具备相应能力，如艺术性工作（演员、导演、艺术设计师、雕刻家、建筑师、广告制作人）、音乐相关工作（歌唱家、作曲家、乐队指挥）、文学创作（小说家、诗人、剧作家）。

（二）职业人格类型的内在关系

霍兰德划分的六大类型并不是并列的，也不存在明晰的边界，大多数人并非只有一种倾向，有可能同时具备六种人格关系中的几种。比如，某人可能是同时包含着社会型、现实型和研究型三种人格倾向。霍兰德以六边形标示出六大类型的关系，认为人格类型越相似相容性越强，则一个人在选择职业时所面临的内在冲突和犹豫就会越少（图5–1）。①相邻关系。RI、IR、IA、AI、AS、SA、SE、ES、EC、CE、CR及RC之间的关系都属于相邻关系。属于相邻关系的两种类型的个体之间共同点较多，如现实型和研究型的人都不太偏好人际交往，这两种职业环境中也都较少有机会与人接触。②相隔关系。RA、RE、IC、IS、AR、AE、SI、SC、EA、ER、CI及CS之间属于相隔关系，属于相隔关系的两种类型个体之间共同点较相邻关系少。③相对关系。在六边形上处于对角位置的类型之间都属于相对关系。相对关系的人格类型共同点很少，一个人同时对处于相对关系的两种职业环境都兴趣很浓的情况极为少见[31]。

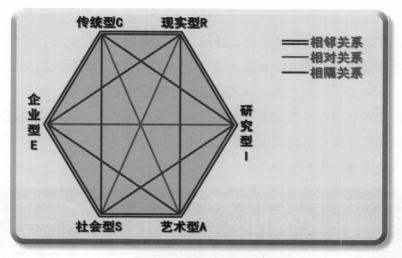

图 5–1　霍兰德职业六边形

（三）人格类型、职业选择与教育培养过程

　　人们通常倾向选择与自我兴趣和人格类型匹配的职业环境，如果人格类型与职业类型相符，个人会感到有兴趣和内在满足，并最能发挥自己的聪明才智；如果人格类型与职业类型相近，个人经过努力，也能适应并做好工作；如果人格类型与职业类型相斥，个人对职业毫无兴趣，不能胜任工作。

　　立足于社会的人力资源深度开发，必须进一步拓展人格类型理论：第一，个体的职业价值观是很重要的，这也是个人本位教育价值取向者的追求。职业价值观是人生目标和人生态度在职业选择方面的具体表现，也就是一个人对职业的认识和态度以及他对职业目标的追求和向往。理想、信念、世界观对于职业的影响，集中体现在职业价值观上。简单地说，职业价值观就是在职业选择时你认为什么最重要或你更在乎什么？是需要更高的薪酬待遇？更安逸的工作环境？更好的职业发展空间？职业价值观是个体的主观意愿，尊重个体主观意愿是人格类型理念的立论基础。第二，个体的职业发展优势区是实现人力资源深度开发的资源基础。实际上，人格类型理论指出了个体的职业发展兴趣，同时也提出了个体具有特定的职业发展优势区，即你适合从事什么样的职业？将个体的职业发展优势区与其职业生涯实现有效对接，可以理解为"人职匹配"，即个体适合从事的职业与实际从事的职业一致，就能够实现较理想的职业发展。第三，个体的职业价值观和职业发展优势区奠定了职业发展的基础，更重要的是教育培训过程和职业能力定向发展必须与之呼应，这也正是卓越农业人才分类培养的理论支撑（图 5-2）。

图 5-2　职业选择与职业发展

二、分类培养的运行模式

霍兰德的人格类型理论将个体的人格特征与职业发展联系起来，表明不同个体具有不同的职业发展优势区，如果个体的职业发展优势区与未来职业类型匹配，就能更好地发挥个体的才智和创造力，实现人力资源的深度开发。

卓越农业人才培养实践中，首先对培养对象进行职业人格倾向测试，一般采用 MBTI 职业兴趣测试性格量表或 SCL-90 量表进行测试，根据不同学生的职业人格倾向进行粗略筛选。拔尖创新型农业人才指向科技创新，意味着未来职业是科学研究或技术研发类工作，在霍兰德职业六边形中应遴选具有研究型、艺术型人格特质的培养对象；复合应用型农业人才指向公共事务管理，意味着未来职业是从事农业行政管理、农业企业管理、农村事务管理等方面的工作，应重点遴选具有企业型、社会型人格特质的培养对象；实用技能型农业人才指向培养高素质农业劳动者，应遴选具有传统型、现实型人格特质的培养对象，实现个体职业发展优势区与卓越农业人才培养类型以及未来职业的有效对接（图5-3）。当然，这是一种比较理想化的设计，同时受到办学层次、个人兴趣与发展意愿等方面因素的影响。一般来说，本科高校可实行拔尖创新型、复合应用型两类农业人才分类培养改革，职业技术学院的专科层次可实行复合应用型、实用技能型两类农业人才分类培养改革。

图5-3 分类培养运行模式

三、分类培养的进入/退出机制

（一）新生入学时的培养对象遴选

卓越农业人才的分类培养改革，首先要进行宣传发动，让学生充分了解卓越农业人才分类培养改革的目的和意义，给学生详细解读有关政策，尊重学生个人意愿，让学生和家长有一定的思考酝酿时间，再按照本人申请、职业倾向测试、资格审查、面试综合考察的程序实施。一般在新生入学的军训期间进行。

（1）本人申请。本人申请时必须明确学生的职业发展意愿。大学生应具有明确的职业发展意向，申请进入拔尖创新型农业人才培养实验班学习的学生，必须具有继续深造的意愿，职业发展方向定位为农业科技创新人才；申请进入复合应用型农业人才培养实验班学习的学生，必须具有从事农业创业、农业企业管理和农村基层管理等农村工作的发展意愿，职业发展方向定位为农业创业者、农业企业家或农村行政管理人员。

（2）职业倾向测试。组织申请者到心理测试中心进行职业倾向测试。

（3）资格审查。对明显不符合培养要求的申请对象进行粗略筛选剔除。

（4）面试综合考察。学校组织由专业教师、心理健康教育专业人员和教学管理人员组成的专家组进行面试综合考察，重点考察人职匹配情况和个人综合素质与申请进入的实验班要求是否相符。

（二）修业进程中的动态考察机制

以学年为单位，对全学程修业进程中的培养对象进行动态考察。

（1）学生退出实验班。符合下列条件之一者，必须退出实验班，同时安排进入同专业的其他班继续修业：①本人不愿意继续留在实验班学习的学生。②本学年内有一门及以上课程考核不及格者。③根据学年综合考察，发现存在明显不符合实验班培养目标要求者。

（2）实验班学生遴选补员。实验班可以从同专业其他班级中遴选符合要求的学生补员，申请进入实验班学习的同专业学生，按照本人申请、资格审查、面试综合考察的程序执行。

（3）进入/退出实验班的操作办法。退出实验班学习的学生继续享受在校学生的各类待遇，但不再享受实验班的相关待遇，退出实验班学习的学生应及时转到同专业其他班级继续跟班学习。经学生本人申请、资格审查、面试综合考察程序，符合相关要求的学生，可安排进入相应实验班学习，学生应自行办理相关手续。

第二节　连续培养机制

一、连续培养的理论支撑

（一）学习进阶理论

学习进阶（Learning Progressions）是指在适当的时间跨度下，学习者的总体学习进程和学识水平达到了更高层次，即可跃入更高层次的学习。这里有"循序渐进"的含义，同时也有时间跨度的区分，还有学习能力和学识水平的界定。实际上，在传统学年制模式下，升级、留级、跳级的学籍处理本身就蕴含学习进阶的思想，常态时间跨度下达到学习目标者升级，未达到学习目标者留级，超过学习目标者可跳级。问题在于，这种以学年为单位的时间跨度，具有太过分明的分界线，而且用学年来界定在操作上过于粗放。学习进阶理论对学习目标和学识水平进行细分化，倡导时间跨度精量化，学习进程和学识水平判别模糊化。以高等教育为例，大学专科和本科、硕士研究生、博士研究生三个层次界限分明，而且都有招生入学资格考试进行资格界定，因此带来以下问题：一是本科生与硕士研究生之间的差异有那么分明吗？二是这种招生考试制度将不同教育培养阶段严格分隔，形成了两个培养阶段之间质的区分，真是那么明确的量变与质变关系吗？三是面向群体的区分策略是否对每一个体都适用？

学习进阶研究正成为科学教育的新热点，目前的研究成果主要体现在中小学教育和课程开发研究领域。对于高等教育领域的本科生、硕士研究生、博士研究生，基于学习进阶理论的连续培养机制，可以从以下四个方面来解读：第一，总体进程连贯化。培养拔尖创新型农业人才的目标指向是高端创新人才，本一硕一博连续培养是实现总体进程连贯化、系统化的关键，这样就保证了学习者在同一导师、同一创新团队、同样的资源环境条件下完成学习任务和开展科技创新，消除了大层级之间的断裂带，为早出人才、快出人才提供了条件。第二，层级分界模糊化。连续培养条件下消除了本科、硕士研究生、博士研究生之间的大层级断裂带，同时也打破了学年间的层级断裂带，层级分界模糊化本身不是目标，关键在于同一导师、同一创新团队、同样的资源环境条件下，学习者的学习任务可以更灵活地安排，例如，连续培养的学习者在任何时间均可参加与自己选题相关度高的国内外学术会议，也可开展一个需要连续多年的试验研究，在有限时间内可以吸纳更多的学术资源。第三，学习层级目标细分化。本科、硕士、博士的层级划分是现有教育体制的产物，在大群体背景下是合理的，但这三个层级并不是学习进阶的层级，学习进阶层级应根据总体学习目标来细分为许多具体目标，前一学习目标完成后及时进入下一目标的学习，而不在乎年级界限或层级界限。第四，进阶节点灵活化。学习者完成了某一学习目标即可进阶进入下一学习目标努力，实际过程中还可以将不同层次的学习目标灵活安排，充分体现了进阶节点灵活化，同时也表现出学习者群体的差异化特征（图5-4）。

图5-4 基于学习进阶理论的拔尖创新型农业人才连续培养策略

（二）教育生态链理论

教育是一个循序渐进、分阶段的完整过程。因此，教育应当是一个符合人类智慧孕育、生长、发展规律的动态系统，教育过程应是一个递进式发展过程。在教育生态系统中，教育生态链具有客观存在性，充分体现教育过程的递进式发展和心智潜能的递进式激活过程。

（1）个体社会化过程的教育生态链。个体社会化是指个体在特定的社会情境中，通过自身与社会的双向互动，逐步形成社会心理定向和社会心理模式，学会履行其社会角色，由自然人转变为社会人并不断完善的长期发展过程。个体从自然人向社会人的转变过程，是一个从不知到知，从知之不多到知之甚多，从不成熟到成熟的社会生长过程，这个过程依赖一系列的教育活动或环节，这就构成了个体社会化过程的教育生态链。个体社会化过程包括家庭教育、学校教育、社会教育三个基本体系，从时序上来看，可以分为学前教育（托儿所、幼儿园）、初等教育、中等教育、高等教育（专科、本科、硕士研究生、博士研究生）、终身教育（在职学习、职场历练），对于某一个具体的个体来说，这个链状序列并不一定经历全部形式环节，而且家庭教育、学校教育、社会教育实际上是交织在一起共同起作用的，逐步形成和提高个体的职业能力和社会适应能力，最终以个体的社会成就和社会贡献体现成果。

（2）教育实施过程中的教育生态链。教育是在教育学理论和教育心理学理论指导下实施的个体社会化过程的定向控制系统，任何一个教育环节或教育过程，都是一种有序的链状结构，这就是教育实施过程中的教育生态链。这种教育实施过程中的教育生态链保证了知识的有效传播、能力的系统训练、技能的逐步提高。以本科高等教育为例，每个学校都开设了若干个专业，每个专业制订专业人才培养方案（或教学计划），专业人才培养方案对本专业四年的全学程教学活动进行了规划，这个规划就是一个典型的教育生态链，按学习的时间进程，四年八个学期都安排了相应的教育教学活动，这些教育教学活动的时间排列顺序，就是这个专业人才培养过程的教育生态链。与此类似，某门课程的教学实践是按学期授课计划实施的，学期授课计划是基于课程的教学生态链，某次具体授课也构成课堂生态链。

二、连续培养的运行模式

个体社会化是一种有序的教育生态链，这个生态链上的各环节间必须协同、统一、递进化和个性化。卓越农业人才培养是高等教育普及化时代的精英教育，培养过程必须充分体现教育生态链有序化和学习进阶层级化培养过程，建构科学的连续培养模式，探索新时代高端农业人才培养的长效机制。图 5-5 是湖南农业大学的卓越农业人才连续培养运行改革试点，该模式包括了拔尖创新型人才培养（本科阶段为面向农学专业的隆平创新实验班）、复合应用型人才培养（本科阶段为面向农村区域发展专业的春耘现代农业实验班），由于是本科起点的改革实践，所以没有包括实用技能型农业人才培养改革实践的相关内容。

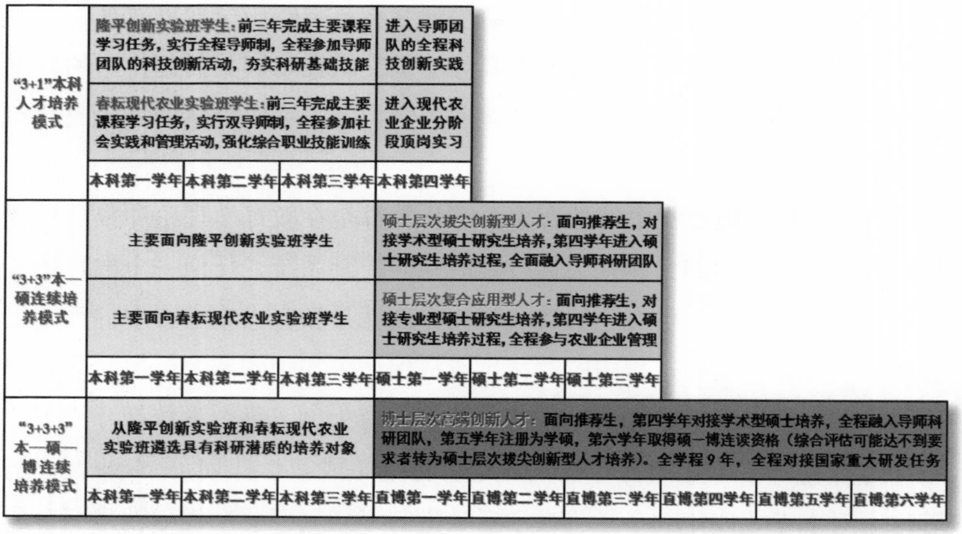

"3+1"本科人才培养模式	隆平创新实验班学生：前三年完成主要课程学习任务，实行全程导师制，全程参加导师团队的科技创新活动，夯实科研基础技能			进入导师队的全程科技创新实践		
	春耘现代农业实验班学生：前三年完成主要课程学习任务，实行双导师制，全程参加社会实践和管理活动，强化综合职业技能训练			进入现代农业企业分阶段顶岗实习		
	本科第一学年	本科第二学年	本科第三学年	本科第四学年		
"3+3"本—硕连续培养模式	主要面向隆平创新实验班学生			硕士层次拔尖创新型人才：面向推荐生，对接学术型硕士研究生培养，第四学年进入硕士研究生培养过程，全面融入导师科研团队		
	主要面向春耘现代农业实验班学生			硕士层次复合应用型人才：面向推荐生，对接专业型硕士研究生培养，第四学年进入硕士研究生培养过程，全程参与农业企业管理		
	本科第一学年	本科第二学年	本科第三学年	硕士第一学年	硕士第二学年	硕士第三学年
"3+3+3"本—硕—博连续培养模式	从隆平创新实验班和春耘现代农业实验班遴选具有科研潜质的培养对象			博士层次拔尖创新人才：面向推荐生，第四学年对接学术型硕士培养，全程融入导师科研团队，第五学年注册为学硕，第六学年取得硕—博连读资格（综合评估可能达不到要求者转为硕士层次拔尖创新型人才培养）。全学程 9 年，全程对接国家重大研发任务				
	本科第一学年	本科第二学年	本科第三学年	直博第一学年	直博第二学年	直博第三学年	直博第四学年	直博第五学年	直博第六学年

图 5-5 湖南农业大学的"3+X"卓越农业人才培养改革试点

为推进本科生多元化培养模式改革，加快培养适应现代化生产要求的拔尖创新型与复合应用型人才，湖南农业大学牵头的南方粮油作物国家协同创新中心从 2014 年开始，面向农学专业开办隆平创新实验班、面向农村区域发展专业开办春耘现代农业实验班，全面实施人才培养模式改革。为了深化"3+X"人才培养模式改革，特界定"3+X"人才培养模式改革的基本内涵。

（1）"3+1"执行模式：实验班学生在本科4年修业期间，前三年完成课程学习任务和主要实践教学环节并跟随导师团队开展科研实践或社会实践，第四学年分流，拔尖创新型人才培养进入导师团队进行科研训练并完成本科毕业论文，复合应用型人才培养进入现代农业企业开展基于"双导师制"（校内导师+企业导师）的顶岗实习并完成毕业论文，完成本科学业任务后自主创业、自主考研或由中心推荐就业。

（2）"3+3"执行模式：本模式重点探索复合应用型人才培养模式，要求本科阶段和研究生阶段跨学科，如管理学+农学或农学+管理学。实验班学生完成前三年学业任务以后，面向取得推荐免试攻读硕士研究生资格的培养对象，对接专业型硕士研究生培养方案，第四学年开始进入硕士研究生培养过程，同时完成本科毕业论文并取得学士学位和本科毕业证，第五学年注册为专业学位硕士研究生，全学程6年，达到培养要求者取得专业学位和研究生学历。

（3）"3+3+3"执行模式：本模式重点探索拔尖创新型人才培养模式，限于作物学一级学科的人才培养模式改革，可简称"直博生"。实验班学生完成前三年学业任务以后，面向取得推荐免试攻读硕士学位研究生资格的培养对象，对接学术型硕士研究生培养方案，第四学年开始进入硕士研究生培养过程，同时完成本科毕业论文并取得学士学位和本科毕业证，第五学年注册为学术型硕士研究生，第七学年取得硕—博连读资格，全学程9年，达到培养要求者取得博士学位和研究生学历。

三、连续培养的实施策略

（一）培养对象遴选办法

"3+X"人才培养模式改革涉及国家有关高等学校学籍管理的政策和学

校有关南方粮油作物协同创新中心本科人才培养的政策支持,遴选"3+X"培养对象必须在现有政策框架下实施。在三种执行模式中,"3+1"执行模式在本科阶段完成,执行学校本科生的有关管理规定。此处的培养对象遴选仅针对"3+3"和"3+3+3"人才培养模式改革的实施对象。

(1)推荐免试攻读硕士学位研究生的指标分配。执行《南方粮油作物协同创新中心本科人才培养实施细则》(湘农大〔2016〕28号),面向当年的实验班本科四年级学生班安排5个名额,其中:隆平创新实验班3个名额,春耘现代农业实验班2个名额,指标类别为推荐免试攻读硕士研究生的第二类第1小类。

(2)遴选培养对象。面向南方粮油作物协同创新中心本科人才培养计划的实验班学生,执行《湖南农业大学推荐优秀应届本科毕业生免试攻读硕士学位研究生实施办法》(湘农大〔2014〕19号),由湖南农业大学农学院和南方粮油作物协同创新中心本科人才培养专家组组织综合考察遴选培养对象。

(3)确定培养模式。对于已取得"推免生"资格的实验班学生,可选择"3+3"或"3+3+3"培养模式中的任意一种,具体要求:①选择"3+3"培养模式的学生,本科阶段应有担任学生干部和社会实践经历,硕士阶段为专业硕士,探索复合应用型人才培养模式改革,其本科阶段的导师应具有硕士研究生导师资格,年到位科研经费20万元以上。②选择"3+3+3"培养模式的学生,本科阶段应有较扎实的科研训练基础,具有较强烈的创新意识、创新思维和创新能力,以第一作者发表学术论文1篇以上,硕士阶段为学术型硕士,探索拔尖创新型人才培养模式改革,其本科阶段的导师应具有博士研究生导师资格,年到位科研经费50万元以上。

(4)"3+3+3"培养对象的后续管理。实施"3+3+3"模式的培养对象全学程9年,第七学年执行《湖南农业大学在读硕士研究生硕博连读博士学位管理办法(试行)》(湘农大〔2013〕40号),硕士阶段的课程平均成绩在80分以上,英语通过CET-6或PETS-5,发表1篇以上SCI收录论文,单篇或累计影响因子达到 2.0 以上，达到要求者继续修业并于第九学年申请博士学位和研究生学历。未达到要求者转为"3+4"执行模式，申请学术型硕士学位和研究生学历。"3+3+3"培养对象于第九学年申请博士学位时，所发表的 SCI 论文单篇或累计影响因子应达到 5.0 以上。

（二）主要改革措施

（1）全程导师制。为了切实保证"3+X"人才培养模式改革的连续性和系统性，加速优秀人才培养进程，奠定"四青"人才培养基础，实行全程导师制，具体实施办法：本科阶段实行全程本科生导师制，研究生阶段实行"团队指导 + 责任导师制"，且本科阶段的导师和研究生阶段的责任导师为同一指导教师，以全面体现学习进阶理论、耗散结构理论和系统教育理论的应用，强化学生的个性化培养。

（2）学习激励机制。遴选为"3+3"或"3+3+3"培养对象的学生，在享受湖南农业大学相应层次研究生的全部待遇的基础上，"中心"实行以下学习激励机制。①外语单项奖学金。"中心"设立外语单项奖学金，奖励外语取得第三方认证达到出国留学基本要求者（如 IELTS 达 6.5 分及以上，PETS–5 笔试 60 分及以上、口语 3 分及以上、听力 18 分及以上，TOEFL 达 580 分及以上），奖励标准：10000 元 / 人。本项对取得多项证书者不重复奖励。②中期考核专项奖学金。"中心"设立中期考核专项奖学金，奖励中期考核成绩为"优秀"的学生，奖励标准为 10000 元 / 人。

（3）创新激励机制。①研究性学习项目。"中心"在《南方粮油作物协同创新中心本科人才培养实施细则》所明确的"探索性学习与研究性学习"项目的基础上，拓展面向"3+3""3+3+3"人才培养模式改革专项，评审通过的项目按 5 万元 / 项的标准实行立项资助，项目完成验收后的资助标准参照执行。②创新成果奖。"中心"设立创新成果奖，在执行《湖南农业大学全日制研究生科研成就奖学金评选暂行办法》的基础上，中心按 1 : 1 配套奖励，加大奖励力度。

（4）国际化培养机制。"中心"鼓励"3+X"人才培养模式改革开展国际化培养。①本科阶段的实验班学生在国内知名高校或科研机构访学或交流学习，"中心"按实际开支承担全部费用；实验班的本科生到国外交流学习按 10000 元 / 人的标准补贴。②"3+3"或"3+3+3"培养对象到国内知名高校或科研机构访学或交流学习 2 个月以上，"中心"按 20000 元 / 人次的标准给予资助。③"3+3"或"3+3+3"培养对象到国外知名高校或科研机构访学或交流学习 2 个月以上，"中心"按 50000 元 / 人次的标准给予资助。

第三节　协同培养机制

一、协同培养的理论支撑

（一）大学－产业－政府三螺旋理论

美国学者亨利·埃茨科维兹（Henry Etzkowitz）由麻省理工学院与波士顿地区、斯坦福大学与硅谷两个案例出发而得出的三螺旋理论，对区域经济发展具有十分重要的指导意义。三螺旋理论认为，在知识经济社会，一个国家的强盛取决于它在政治、经济、科技、教育等方面的创新，包括概念层面的"慧件"创新、制度层面的"软件"创新和技术层面的"硬件"创新，而创新的主体是大学－产业－政府以经济发展的需求为纽带而联结起来的整体，通过组织层面制度性或结构性的安排，实现三者信息与资源的分享，达到资源的协同运用和效能整合。大学和研究机构拥有丰富的知识储量、先进的技术研发条件和强劲的知识创新能力；作为产业外在表现形式的企业则具有较强的创新需求和催生高技术产业的物质条件，能敏锐地捕捉市场动态和社会需求；政府拥有资金和组织调控能力，是技术创新政策和环境的创造者或维护者，能够承担一定的技术创新风险，三种力量的交叉影响，形成螺旋式上升的发展格局（图 5–6）。

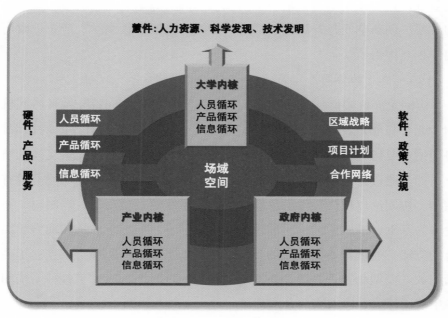

图 5-6　三螺旋理论图解

　　亨利·埃茨科维兹注重从社会学的视角来研究创新活动的组织实现问题，他把大学、产业、政府三方看作社会活动角色，它们不仅是创新的要素，而且还是活动主体，即三者都可以是创新的组织者、主体和参与者，无论以哪一方为主，最终都是要实现动态三螺旋，推动各种创新活动的深入开展。在这个过程中，三方各自起独特的作用，但又和谐地相互作用、协作创新，从而推动区域经济和社会发展。三螺旋理论认为，系统的演化过程包括三个阶段：知识空间、趋同空间和创新空间，这三个空间彼此重叠、相互交叉，在知识经济社会中利用高技术实现区域创新。知识空间为区域发展提供原料和知识源泉，这就意味着区域里要有一定规模与层次的大学和研究机构。趋同空间是指相关参与者在一起工作的过程中，大学、产业和政府三方的代表们反复论证，达成共识，形成战略并把实现这一战略的资源组织在一起时，趋同空间的目的就达到了。创新空间概指组织的创建或改进，目的在于填补在趋同空间被确认的发展缺口，实现趋同空间拟定的战略。创新空间是开展创新活动的空间，高度依赖大学、产业、政府之间的相互作用[32]。

（二）哈肯的协同论

协同论亦称协同学或协和学，是研究不同事物共同特征及其协同机制的新兴学科和理论基础，主要探讨各种系统从无序变为有序时的相似性。协同论主要研究远离平衡态的开放系统在与外界有物质或能量交换的情况下，如何通过自己内部协同作用，自发地形成时间、空间和功能上的有序结构。协同论以现代科学的最新成果——系统论、信息论、控制论、突变论等为基础，吸取了结构耗散理论的大量营养，采用统计学和动力学相结合的方法，通过对不同领域的分析，提出了多维相空间理论，建立了一整套的数学模型和处理方案，在微观到宏观的过渡上，描述了各种系统和现象中从无序到有序转变的共同规律。

协同学的创立者是联邦德国斯图加特大学教授、著名物理学家哈肯（Haken, 1927— ）。1971年提出协同的概念，1976年系统地论述了协同理论，发表了《协同学导论》，还著有《高等协同学》等。协同论认为，千差万别的系统，尽管其属性不同，但在整个环境中，各个系统间存在着相互影响而又相互合作的关系。协同论指出，大量子系统组成的系统，在一定条件下，由于子系统相互作用和协作，从而推进系统的发展和演变。应用协同论方法，可以把已经取得的研究成果，类比拓宽于其他学科，为探索未知领域提供有效的手段，还可以用于找出影响系统变化的控制因素，进而发挥系统内子系统间的协同作用。

协同论指出，一方面，对于一种模型，随着参数、边界条件的不同以及涨落的作用，所得到的图样可能很不相同；另一方面，对于一些很不相同的系统，却可以产生相同的图样。由此可以得出一个结论：形态发生过程的不同模型可以导致相同的图样。协同论揭示了物态变化的普遍程序：旧结构、不稳定性、新结构，其间，随机"力"和决定论性"力"之间的相互作用把系统从旧状态驱动到新状态。系统的功能和结构是互相依存的，当能流或物质流被切断的时候，系统就可能失去自己的结构或使结构受损，也可能形成新结构。由于协同论把它的研究领域扩展到许多学科，并且试图对似乎完全不同的学科之间增进"相互了解"和"相互促进"，使协同论成为软科学研究的重要工具和方法。

（三）教育生态位理论

教育生态位理论是在分析、总结基础生态学中的生态位理论的基础上提出来的。基础生态学以自然生态系统为研究对象，总结出生态系统中各种生物在长期适应自然环境的过程中，形成了特定的生态位，包括空间生态位、资源利用生态位、多维生态位[33]。在各类教育生态系统中，同样存在生态位现象。

（1）基本教育生态位。个体社会化过程所必须经历的家庭教育、学校教育和社会教育，就是基本教育生态位。在这里，狭义的家庭教育是父母和其他家庭成员对家庭中的未成年人实施的教育，广义的家庭教育则是指共同生活的家庭成员彼此之间相互地影响和教育（可见广义的家庭教育是一种终身教育）。学校教育专指受教育者在各类学校内或教育机构中所接受的各种教育活动或系统训练，是教育制度的重要组成部分。社会教育也有广义和狭义两种理解：广义的社会教育指一切影响个人身心发展的社会活动；狭义的社会教育则指学校教育以外的社区（或农村）一切文化教育设施对青少年、儿童和成人进行的各种教育活动。家庭教育、学校教育和社会教育虽然是人生发展过程中的三个基本教育生态位，但它们对个体社会化的作用是相互影响、相互制约、相互作用和相互依赖的，共同促进个体的身心发展。

（2）学校教育生态位。学校教育是个人一生中所受教育最重要的组成部分，个人在学校里接受计划性的指导，系统地学习文化知识、科学技术、社会规范、道德准则和价值观念。学校教育从某种意义上讲，决定着个人社会化的水平和性质，是个体社会化的重要基地。知识经济时代要求社会尊师重教，学校教育越来越受重视，在社会中起到举足轻重的作用。学校教育中的教育生态位具体表现为学校生态位。学校教育包括学前教育、初等教育、中等教育和高等教育等阶段，这是根据受教育者的心理特征而设计的教育层次生态位。根据学校实体的层次关系，可以分为托儿所、幼儿园、小学、初中、高中（或职业中学）、大学，这是我国教育体系中的教育机构生态位。不同层次的学校教育或不同的教育机构，必须根据自己的生态位特征，科学组织和实施教育活动。

（3）教育活动生态位。教育活动有广义与狭义之分。广义的教育活动泛指影响人的身心发展的各种教育活动，包括家庭教育、学校教育和社会教育活动。狭义的教育活动则是指学校教育活动。学校教育活动是贯彻教育方针，围绕培养目标，遵循教育学和教育心理学规律，针对学生特点而设计的一系列教育教学环节。这一系列的教育教学环节，通常以教学计划或专业人才培养方案的形式，形成相对固定的总体方案，为实现培养目标提供基本依据。学校教育活动生态位，从学校教育的组织形式来看，有教学活动（军训、入学教育、毕业教育、专题讲座及一系列课程和实践教学环节）、课外活动（也称第二课堂活动）、社会实践活动，这是学校教育活动的形式生态位。从学校教育活动的实践主体来看，有管理者的活动、教师的活动、学生的活动，这是学校教育的主体生态位。从学校教育的内容来看，有课内外进行的德育、智育、体育、美育、劳动技术教育以及发展个性特长等各种教育活动，这是学校教育的内容生态位。

（4）课堂教学生态位。课堂教学是学校教育普遍使用的一种手段或形式，它是教师给学生传授知识、启迪思维、培养能力、训练技能的过程。课堂教学的组织形式主要是班级授课制（个别教学属于师徒制）。随着资本主义的发展和科学技术的进步，教育对象范围的扩大和教学内容的增加，需要有一种新的教学组织形式来实施学校教育。16世纪，在西欧一些国家创办的古典中学里出现了班级教学的尝试。如法国的居耶讷中学分为十个年级，以十年级为最低年级，一年级为最高年级。在一年级以后，还附设二年制的大学预科。德国斯特拉斯堡的文科中学分为九个年级，还设一个预备级，为十年级。1632 年，捷克教育家夸美纽斯总结了前人和自己的实践经验，在其所著的《大教学论》中对班级授课制进行了系统论证，从而奠定了班级教学的理论基础。班级教学的主要优点：①把相同或相近年龄和知识程度的学生编为一个班级，使他们成为一个集体，可以相互促进和提高。②教师按固定的时间表同时对几十名学生进行教学，提高了教育效率和教育受益面。③在教学内容和教学时间方面有统一的规定和要求，使教学能有计划、有组织地进行，有利于提高教学质量和发展教育事业。④各门学科轮流交替上课，既能扩大学生的知识领域，又可以提高学习兴趣和效果，减轻学习疲劳。但是，班级教学也存在着一定的局限性：主要是不能充分地适应学生的个别差异，照顾每个学生的兴趣、爱好和特长，难以充分兼顾优生和学困生的学习进程。

从实施过程来看，课堂教学主要包括教师讲解、学生练习、双边交流（教师设问与学生答问、学生提问与教师答疑）、学生互动等过程，这是课堂教学的过程生态位。教师讲解是课堂教学的主要形式，也是体现教师水平和技巧的重要途径；学生练习是实现学生加深知识理解、提高动手能力、训练综合素质的重要途径，在中小学阶段的学生练习主要通过实验课、课内作业和课外作业实现，中等职业教育和高等教育则通过实验、教学实习、生产实习、毕业实习、综合实习等形式完成，全面提高学生的实践能力和综合职业素质；双边交流是对班级授课制的创新性改革，通过师生互动交流，使教师更好地把握和控制教学过程；学生互动是班级教学过程中的辅助环节，对提高学生的表达能力、人际交流能力和沟通协调能力具有十分重要的意义，同时也是巩固教学效果的重要途径。

从学校教育的课堂教学组织实施情况来看，课堂教学是以各类学习活动为基本组织单元或形式，任何一个学习活动的操作过程，都包括教师备课、教师讲课、布置和批改作业（或操作训练）、课后辅导、考核等基本环节，这就是课堂教学的环节生态位。在这里，教师备课应该称为课前准备，或者说称为"教学设计"更为贴切，是课堂教学组织的重要前期工作。教师讲课是课堂教学的主体内容，面向对象（学生群体和特殊个体）的课堂教学是教师们终身探究的重大课题。对于中小学而言，作业布置和批改是教、学相长的重要过程；对于职业教育和高等教育，实践教学环节中学生的实际操作和技能训练更是培养综合职业能力的重要措施。课后辅导既包括师生的课后交流、个别辅导、重点辅导、针对性答疑，也包括对极端个体（优生、学困生等）的特别指导。准确地说，考核应该用"教学测量"来替代，既检验教师的教学效果，同时也检验学生的学习效果，是对某一个学习活动完成以后的实际效果进行综合检验。

　　站在学生的角度，课堂教学的学习心理过程体现为听、观、思、读、练（练习和表达）五个基本实践过程，这称为课堂教学的习得生态位。学习过程是一种激发个体内部潜能的过程，通过学习使知识、信息和体验内化为学习者的思维素材和实际能力，通过"听"来接收语音信息，学习前人的间接经验并内化整合进入自己的知识结构；通过"观"来体验教学素材（教师肢体语言和表情、多媒体课件、教具演示、演示性实验等）的内涵信息，并训练自己的观察能力、思维能力和想象能力；通过"思"来对感知信息进行综合分析和判断，训练自己的思维过程；通过"读"（朗读、阅读、泛读等）来广泛接收信息，拓展知识面，巩固学习效果；通过"练"来训练学习者的学习能力、表达能力、动手能力、实践能力和创新能力。

　　站在教师的角度，每一次课堂教学活动的组织，都包括课前准备（教学设计）、导入（引发主题）、主题探究（讲解和互动）、强化巩固（双边交流和练习）、总结拓展，这是课堂教学的单元生态位。教师在实施课堂教学时，必须分析学习者的知识背景和能力基础，认真进行教学设计，做好课前准备。实际授课时，恰当的导入是一个良好的开端，既能吸引学生的注意力，同时也使学习者明确本次课的学习目的，从而提高学习积极性。主题探究是教师授课的主体内容，某次授课可能存在多个并列主题，恰当的主题探究逻辑体系是教师讲解的基本要求，同时也是提高教学效果的有效途径，实现课堂教学过程中对学习者的思维驾驭。强化巩固是针对教学内容的重点、难点而事先设计的双边交流和学生练习等环节，使学习者更好地掌握重要知识点和技能。总结拓展引发学习者的进一步思考和学习期望，激发学习者的求知欲，为其后续学习埋下伏笔。教师完成的每一次课堂教学活动都是一个创造过程，提高教学效果是一个永无止境、永无至善的过程。

（四）教育资源生态位拓适理论

任何一个生态系统，成功的发展必须善于拓展资源生态位和调整需求生态位，以改造和适应环境，提高系统的整体功能[34]。只追求开拓而不注意适应，就会缺乏发展的稳定和柔度；只强调适应而不注意开拓，就会缺乏发展的速度和力度。这就是生态系统的功能拓适原理。

（1）学校生态系统资源生态位的社会功能拓适。学校生态系统的教育教学资源方面存在多种形式的空闲生态位：第一，我国学校实行年度二学期制度，全年 52 周中至少存在 10 周的寒、暑假，导致教育资源的利用时间仅 80% 左右，寒暑假期间，教室、实验室、运动场地与设施以及教师资源等，形成学校生态系统的最大空闲生态位，针对这类空闲生态位的社会功能拓展，有多种不同的做法，有些学校利用暑假的长假期开展面向社会的培训，提高资源利用率；有些学校利用暑假期间与本地旅游旺季相吻合的特征，利用学生宿舍资源接待旅客创收；有些学校利用假期闲置的教育教学资源对本校学生实行强化培训，拓展学生素质。第二，学校的年岁节日和周末假日同样存在教育教学资源闲置的问题，形成学校生态系统的空闲生态位，对这类空闲生态位的利用，可以安排周末假日的定期或不定期的培训班，提高资源利用率。第三，学校生态系统的教育教学资源存在功能组分冗余现象，即配备的教育教学资源在保证完成常规教学任务的前提下尚有余力，如高等学校或中等职业学校开设某个专业必须配备相应的实验实训设备设施，但 1 个或几个教学班在利用这些实验实训设备设施完成教学任务，还有大量的时间处于资源闲置状态，这种教育教学资源的功能组分冗余，形成了学校教育资源多样化的空闲生态位，如何合理利用这些空闲生态位，具有很大的研究空间。目前，很多普通高等学校在完成全日制教学的同时，通过招收相关专业的自学考试学生，有效地提高了相关专业冗余的功能组分利用率。世纪之交迅速发展的独立学院，是一种母体高校利用新机制、新模式举办的具有中国特色的新兴大学，母体高校具有悠久的办学历史和丰富的教育教学资源，独立学院通过开设与母体高校的同类专业并共享母体高校的教育教学资源，是对功能组分冗余类空间生态位的有效利用途径之一。

　　教育教学资源空闲生态位的社会功能拓适，必须在保证学校生态系统的常规教育教学不受影响的前提下，科学开发空闲生态位的社会功能，对于不具备空闲生态位开发条件或有可能影响正常教育教学活动的开发活动，应形成政府及其教育行政部门以及社会各界的监督机制，避免影响正常教学秩序。

　　（2）社会教育资源生态位的价值空间。教育教学资源系统是一个高度开放的社会资源系统，具有多样化的生态位，教育实施者通过组织受教育者合理利用多维教育资源生态位，构建协同培养机制，全面提升人才培养效果。学校以外的社会教育资源生态位具有一个广泛的范畴：①其他教育机构的教育教学资源。任何教育机构都有其独特的生长规律和发生学特征[35]，定向积累了特色化的教育教学资源，为教育机构之间的合作办学、访学、交流、协同培养提供了广阔空间。②科研机构的优质资源。科研机构积累了极具特色的优质资源，包括学科资源、科技创新平台资源、科研成果转化资源等，为拔尖创新型农业人才培养提供了独特的优质资源，具有很大的协同培养创新空间。③生产一线的特色资源。教育为生产服务，人才培养的目标必须为生产一线服务，那么人才培养过程中，学习者必须了解生产一线情况、把握生产一线动态、学习生产一线经验，这类社会教育教学资源是教育机构自己的"短板"，具有极高利用价值。高等教育的人才培养过程中安排生产实习、综合实习、毕业实习，正是对这类资源的科学利用，也是推进学生个体社会化进程的重要环节。

二、协同培养的运行模式

卓越农业人才培养实践中，本科高校主要培养拔尖创新型人才和复合应用型人才，职业教育领域主要培养复合应用型人才和实用技能型人才，这种社会分工也体现在协同培养模式的运行方式差异。

（一）本科高校的协同培养运行机制

本科高校的卓越农业人才协同培养，是在充分利用本校基本办学条件、学科资源、创新平台、实验实训条件等的前提下，根据不同类别的卓越农业人才培养目标进行整体策划和合理安排。拔尖创新型农业人才培养，重点考虑利用国内外其他高等学校的特色资源、科研院所的学科资源和科技创新平台资源、生产一线的科学问题凝炼资源（国家政策导向、地方需求、生产现状、技术需求等）和日常生活环境感染与熏陶[36]；复合应用型人才培养过程中，重点利用国内外其他高等学校的特色资源、科研院所的科技成果转化资源（支撑创业能力培养）、生产一线经营管理资源和日常生活环境感染与熏陶（图5–7）。

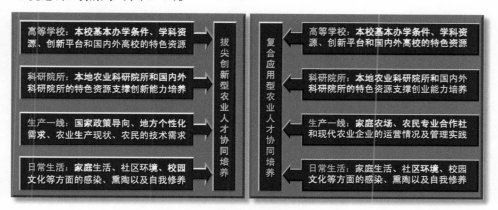

图5–7　本科高校的协同培养运行机制

（二）职业教育领域的协同培养运行机制

职业教育领域的卓越农业人才培养，包括高等职业技术学院（大学专科层次）、中等职业学校（中专层次）和新型职业农民培育体系（中专层次，包括农业广播电视学校和社会办学），主要指向培育复合应用型农业人才和实用技能型农业人才。职业教育领域的卓越农业人才协同培养，对于其他教育机构的教学资源利用，既包括同类学校的教育教学资源，也包括高等农林院校的教育教学资源；科研院所和农业技术推广部门为职业教育领域提供了特色化的教育教学资源；生产一线则重点在于各类新型农业经营主体的生产经营和管理实践（图5-8）。

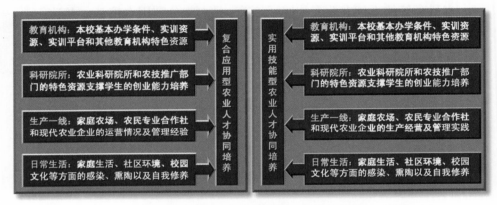

图5-8　职业教育领域的协同培养运行机制

三、湖南农业大学的实践探索

湖南农业大学牵头的南方粮油作物国家协同创新中心人才培养计划项目，坚持以机制体制改革为核心，充分利用高等学校、科研院所、农业产业化龙头企业等多样化、多渠道的教育教学资源，构建高效运作的协同培养机制，全面提升人才培养质量。

（1）整合学科资源和创新平台，夯实人才培养资源基础。整合湖南农业大学的国家级重点学科作物栽培学与耕作学、湖南杂交水稻研究中心的杂交水稻国家重点实验室和水稻国家工程实验室和其他参与单位的国家级重点学科和科技创新平台，形成了面向南方粮油作物现代化生产的科技创新团队和示范团队，集聚了一批高端人才，实现了科研资源的有效共享，为人才培养计划项目提供了丰富的优质资源。在实施过程中，依托南方粮油作物协同创新中心各创新团队的高端人才和研发骨干，构建了高水平的教学团队，为各层次的人才培养计划项目提供了高水平师资队伍和导师资源；依托多渠道的创新平台和研发任务，为各层次的人才培养计划项目提供了对接南方粮油作物现代化生产的培养条件和选题资源。

（2）依托创新团队和研发任务，构建拔尖创新型人才培养的特色平台。南方粮油作物协同创新中心的三大创新平台和 11 个创新团队为拔尖创新型农业人才培养提供了特色平台，每个创新团队均有明确的研发方向和一批重大研发任务，各层次的拔尖创新型人才培养对接创新团队及其研发任务，开展创新能力训练并形成创新教育成果。本科层次的隆平创新实验班学生第二学年开始进入团队参加科研实践，第三学年对接导师的研发任务开展"六边"综合实习，第四学年全程参加科研实践并根据所承担的试验项目完成毕业论文。学术型硕士研究生和博士研究生入学即对接相应的创新团队成为团队成员，全学程参加团队的研发项目，形成自己的创新教育显性成果，完成高水平的学位论文。

（3）依托示范基地和企业资源，构建复合应用型人才培养的特色平台。南方粮油作物协同创新中心在南方稻区各省建成了一批示范基地，为复合应用型人才培养提供了特色化的实训基地，袁隆平农业高科技股份有限公司、湖南金健米业股份有限公司、现代农业装备科技股份有限公司等现代农业企业集研发、生产、营销、管理等功能于一体，更是复合应用型人才培养的重要资源。本科层次的春耘现代农业实验班学生，第三学年进入中心集成示范平台的示范基地开展"六边"综合实习，第四学年进入现代农业企业开展分阶段轮岗的顶岗实习，全面提高综合职业技能。作为复合应用型人才培养的专业硕士，第一学年对接中心集成示范平台的示范基地开展广泛的调研，第二学年进入现代农业企业进行多岗位锻炼的管理实践，并对接中心研发任务完成学位论文。

第六章 卓越农业人才培养实践创新

创新创业是推进时代进步的最强动力。伴随着全球创新范式发生变化，高等学校在科技创新中的定位正在发生重大变革，逐渐从科技贡献者（创新1.0）、产学研合作模式（创新2.0）向创新创业中心转变。卓越农业人才培养，必须探索面向现代农业生产的创新创业教育模式，开展全方位的拔尖创新型农业人才、复合应用型农业人才、实用技能型农业人才培养实践探索。

第一节 卓越农业人才培养的顶层设计

一、卓越农业人才培养实践框架

卓越农业人才培养，必须服务于卓越农业人才培养的动力学机制，以"互联网+"时代的教育教学理念和学习理念为改革的行动指导，在遵循教育学和教育心理学一般规律的前提下科学应用卓越农业人才培养的理论创新成果和机制改革模式，依托资源基础和保障措施，开展进入/退出机制构建、人才培养模式改革、人才培养方案改革、人才培养过程改革、质量评价体系改革，来实施职教领域实用技能型人才、本科层次复合应用型人才、本科层次拔尖创新型人才、硕士层次复合应用型人才、硕士层次拔尖创新型人才和博士层次高端创新人才培养（图6-1）。在这里，实用技能型农业人才主要由专科层次的职业技术学院和中职层次的职业高中、职业中专、农业广播电视学校系统来实施，培养面向现代农业全产业链的现代农业农艺工匠和经营家庭农场的理性小农；复合应用型农业人才包括专科层次的职业技术学院、本科层次的教学型大学（或专业）和专业型硕士三个层级，即专科层次的初级复合应用型农业人才、本科层次的中级复合应用型农业人才和硕士层次的高素质复合应用型农业人才；拔尖创新型农业人才主要由研究型大学或教学研究型大学来实施，包括本科层次的初级拔尖创新型农业人才、学术型硕士层次的中级拔尖创新型农业人才和博士层次的高端创新人才。

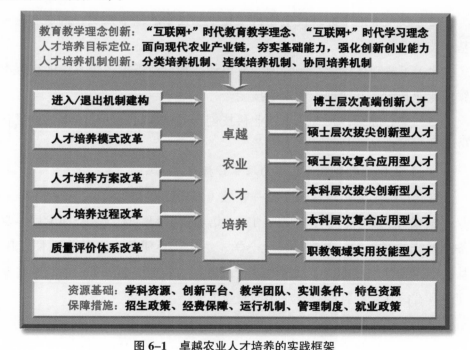

图 6-1 卓越农业人才培养的实践框架

二、卓越农业人才培养目标定位

（一）拔尖创新型农业人才的培养目标

培养目标：立足现代农业某一领域（植物生产类或动物生产类的某一

专业领域），响应现代农业科技创新发展需求和前沿动态，培养德、智、体、美全面发展，具备较系统的现代生物科学技术和现代农业科学技术基本知识、基本理论和基本技能，能从事农业科技创新和技术研发的具有国际化视野的拔尖创新型农业人才。

毕业生应具备以下能力：

（1）具有较扎实的数学、化学、现代信息科学等基础知识，具有较强的文字表达和口头表达能力。

（2）掌握一门或以上外语（英语或其他），具有较强的外语应用能力，达到较熟练地读、写、听、说该种语言的水平。

（3）较系统地掌握现代生物科学和生物技术的基本知识、基本理论和基本技能。

（4）了解现代农业某一领域的发展动态和行业需求，较系统地掌握本领域专业知识、专业理论和专业技能。

（5）身心健康，具有从事农业科技创新或技术研发的基本能力，具备较强的科学精神和较高的人文素养。

（二）复合应用型农业人才的培养目标

培养目标：立足现代农业某一领域（植物生产类或动物生产类的某一专业领域），响应现代农业发展动态，培养德、智、体、美全面发展，具备较系统的经济学、管理学、社会学、法学、心理学、信息学基本知识、基本理论和基本技能，能从事农业行政管理、农业企业管理、农村事务管理的具有国际化视野的复合应用型农业人才。

毕业生应具备以下能力：

（1）具有较扎实的数学、化学、现代信息科学等基础知识，具有较强的文字表达和口头表达能力。

（2）掌握一门或以上外语（英语或其他），具有较强的外语应用能力，达到较熟练地读、写、听、说该种语言的水平。

（3）较系统地掌握经济学、管理学、社会学、法学、心理学、信息学的基本知识、基本理论和基本技能。

（4）了解现代农业某一领域的发展动态和行业需求，较系统地掌握本领域专业知识、专业理论和专业技能。

（5）身心健康，具有从事农业行政管理、农业企业管理、农村事务管理的基本能力，具备较强的科学精神和较高的人文素养。

（三）实用技能型农业人才的培养目标

培养目标：立足现代农业某一产业领域（植物生产类或动物生产类的某一产业领域），响应现代农业发展动态，培养德、智、体、美全面发展，具备较系统的农业生产基本知识、基本理论和基本技能，能从事产业链中某种或某类技术性工作且具有过硬专业技能的实用技能型农业人才。

毕业生应具备以下能力：

（1）具有一定的数学、化学、现代信息科学等基础知识和较强的文字表达与口头表达能力。

（2）较系统地掌握农业生产必需的基本知识、基本理论和基本技能。

（3）了解现代农业某一领域的发展动态和行业需求，较系统地掌握本领域专业知识、专业理论和专业技能。

（4）具有现代农业全产业链中某种或某类技术性工作所需要的专业技能并达到熟练水平。

（5）身心健康，具有从事农业生产经营中某种或某类技术工作的实际能力，具备较强的科学精神和较高的人文素养。

三、卓越农业人才培养导向策略

（一）拔尖创新型农业人才培育策略

（1）面向目标的拔尖创新型农业人才培养思路。拔尖创新型人才必须具有怀疑意识和批判精神，体现个人优势和团队互补，经历有效的训练过程和思维过程，参与团队创新和国际合作，定向训练科技创新和技术研发的实际能力。因此，拔尖创新型农业人才必须培养善于发现创新空间、捕捉创新点的创新意识，具有直觉、灵感、顿悟的创新思维，长期参与实践创新思维的资源和行动的创新实践，参与具有形成创新成果实力和团队的创新能力训练（图6-2）。在这里，拔尖创新型人才的导师及导师的科研团队是十分重要的，导师应是承担国家级课题或科技创新项目的科研团队的负责人或主要骨干，必须具有独立支配的科研经费，实现对拔尖创新型农业人才培养的支撑实力。

图6-2　面向目标的拔尖创新型农业人才培养思路

（2）基于心理素质形塑论的拔尖创新型农业人才定向培育。心理素质形塑论认为，个体的心理素质是可以定向形塑的，个体社会化是家庭教育、学校教育、社会教育、职场历练等外部因素与自我修养内因共同作用的结果，最终达到适应主流价值观的德商提升、融入社会的情商提升和面向综合职业能力的智商提升。拔尖创新型农业人才培养不是学习者的个人行为，也不是农林院校与学习者的单一互动行为，而是应该整合社会资源，共同推进拔尖创新型农业人才培养。按照心理素质形塑论的观点，拔尖创新型农业人才的培养过程中，在环境影响方面，要有多样化的丰富经历，要有意识地增加学习者的阅历，开拓视野，激活思维；在系统教育方面，加强科技创新能力训练，培养怀疑意识和批判精神，要敢想敢干；在定向培育方面，重点培养直觉参与意识，训练灵感发现思维和顿悟体验经历；在自我形塑方面，养成勤于实践，敢于探索，勇于创新的思维理念和行为习惯，人才培养全过程甚至需要拓展到职场历练期，应高度关注创新意识培养、创新思维训练、创新实践参与和创新能力提升（图6-3）。

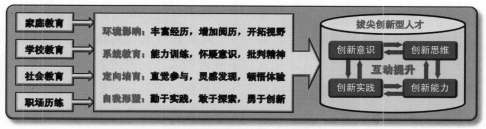

图6-3 基于心理素质形塑论的拔尖创新型农业人才定向培育

（二）复合应用型农业人才培育策略

（1）面向目标的复合应用型人才培养思路。复合应用型农业人才培养过程中，重点遴选具有社会型、企业型人格特质的培养对象，实现个体职业发展优势区与个人职业发展兴趣意愿的统筹；采用校内导师＋企业导师双导师并行指导，本科阶段实行"管理学＋农学"或"农学＋管理学"双学士教育培养模式，硕士阶段按农学－管理学或管理学－农学跨学科错位对接，构建大农学、管理学、社会学、法学、心理学、信息学等广博型知识结构和能力体系，本科教育阶段后续应对接硕士层次的复合应用型人才培养，主动适应现代农业发展需要，培养一批懂生产、会经营、善管理、能发展的农业CEO后备力量（图6-4）。

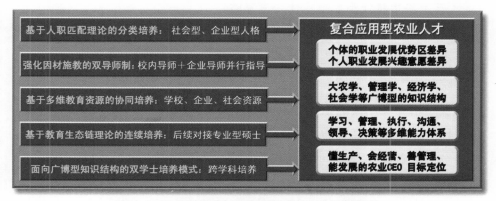

图6-4 面向目标的复合应用型农业人才培养思路

（2）基于心理素质形塑论的复合应用型人才定向培育。复合应用型农业人才培养，应该培养适应"互联网＋"现代农业时代的高素质农业行政管理人才、农业企业管理人才和农村事务管理人才，推进农业全产业链高速发展。复合应用型农业人才培育是一项系统工程，环境影响方面重视丰富经历、增加阅历、开拓视野，系统教育领域强化实践能力训练和基于团队精神的融入意识、同化精神培养，定向培育方面关注广博知识、多维能力、权变意识培养和训练，自我形塑方面重视德商魅力、情商掌控、灵商拓适，实现人职匹配与广博知识、多维能力、环境响应等方面的互动提升，培养高素质复合应用型农业人才（图6-5）。

图 6-5　基于心理素质形塑论的复合应用型农业人才定向培育

（三）实用技能型农业人才培育策略

（1）面向目标的实用技能型农业人才培养思路。在我国现行考试制度下，本科高校培养实用技能型农业人才不太现实，大学专科层次的职业技术学院和中等职业学校、中等农业专业学校、农业职业高中和农业广播电视学校是培养实用技能型农业人才的主要教育机构。实用技能型农业人才是现代农业急需的高素质劳动者大军，可以粗略地分为生产经营型（如家庭农场主）、专业技能型（如农机操作手）、专业服务型（如农产品营销人员）。实用技能型农业人才培养重点遴选具有传统型、现实型人格特质的培养对象，培养过程中除完成学校教育的课程学习和实践教学环节以外，应高度重视基于师徒传承的师徒制建设，实现"师徒传承→跟踪指导→逐步超越"

的有序发展，相对来说，实用技能型人才培养的知识传授部分坚持"必需、够用"原则，强化实训环节，重点培养学生的动手操作能力，达到各类实用技能型农业人才的目标状态。需要注意，不同类别的实用技能型农业人才的培养目标存在差异，生产经营类实用技能型农业人才的目标指向懂生产、会经营、善管理、能发展、有技术专长的家庭农场或农民专业合作社经营者；专业技能类实用技能型农业人才的目标指向农业产业链中某种或某类技术性工作的熟练操作者；专业服务类实用技能型农业人才的目标指向农林牧渔服务业领域从事某类服务性工作的高素质经营者（图 6-6）。

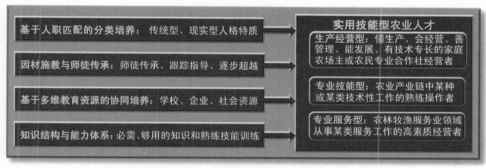

图 6-6　面向目标的实用技能型农业人才培养思路

（2）基于心理素质形塑论的实用技能型农业人才定向培育。在现实社会中，很多家长对子女期望值很高，都希望子女成龙成凤，殊不知社会需要大量的高素质劳动者，大多数人最终也只能成为平凡的社会主义建设者。从这方面来看，实用技能型农业人才培养更需要家庭配合和家长支持，正确定位学习者的职业生涯。明确了发展方向以后，学习者通过有效经历、关联阅历和领域视野开拓，形成环境影响方面的正向积累；通过学校教育阶段的必需、够用的有用知识学习，针对性地强化实践技能训练和敬业精神培养，朝着关联知识积累、商业意识训练、合作精神培养定向发展，并关注工匠精神、专注意识、关注细节的自我形塑，实现有用知识、实践能力、工匠精神、专业魅力的互动提升和定向发展（图 6-7）。

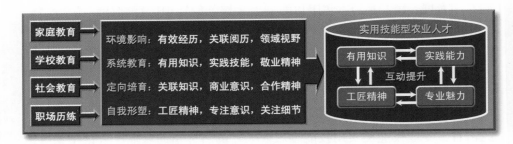

图 6-7　基于心理素质形塑论的实用技能型农业人才定向培育

四、卓越农业人才培养模式改革

（一）本科高校的人才培养模式改革

（1）分类培养。本科高校的卓越农业人才分类培养，一般按拔尖创新型和复合应用型两类实施，拔尖创新型农业人才培养重点遴选具有研究型、艺术型人格特质的培养对象，复合应用型农业人才培养重点遴选具有社会型、企业型人格特质的培养对象。在面试综合考察的过程中，专家们要注意侧重方向，拔尖创新型农业人才重点考察是否具有一定的创新思维、创新意识、创新精神，复合应用型人才重点考察是否具有一定的创业意识、创业思路和意志毅力等个人品质 [37]。

（2）连续培养。拔尖创新型人才培养可实行"3+3+3"本—硕—博连续培养模式，本科层次的拔尖创新型农业人才培养对接学术型硕士层次的拔尖创新型农业人才培养，进而对接博士层次的高端创新人才培养。复合应用型农业人才培养可实行"3+3"本—硕连续培养模式，本科层次的复合应用型农业人才培养对接专业型硕士层次的复合应用型农业人才培养，为现代农业培养高素质管理人才。

（3）协同培养。拔尖创新型农业人才培养重点关注国内外高水平大学和农业科研机构的学科资源和实训条件，可采用联合培养、访学交流、分段培养（如集中安排3~6个月）等实施策略。复合应用型农业人才培养重点关注农业发展国家或地区的农业生产经营情况，可采用出国（境）学习考察、访学交流、分阶段顶岗实习等实施策略。

（二）职业教育领域的人才培养模式改革

（1）农科教合作人才培养基地是实用技能型农业人才培养的特色资源。

为深入贯彻落实《国家中长期教育改革和发展规划纲要（2010—2020年）》和《中共中央 国务院关于加快推进农业科技创新持续增强农产品供给保障能力的若干意见》（中发〔2012〕1号），深化高等农业教育改革，强化实践教学环节，提高人才培养质量，加强高等农业教育与现代农业产业的紧密联系，促进农科教、产学研结合，探讨高校与农林科研机构、企业、用人单位等联合培养人才的新途径、新模式，充分发挥现代农业产业技术体系综合试验站的功能，进一步提升高等农业教育服务现代农业和社会主义新农村建设的能力与水平，全国已建成一批农科教合作人才培养基地，这些农科教合作培养基地整合了高等农林院校、农业产业体系岗位专家、农业科研实验站和地方农业科研机构力量，形成了实用技能型农业人才培养的特色基地，为各地实用技能型农业人才培养提供了特色资源。

（2）专科层次的卓越农业人才培养。各地的农业类职业技术学院或综合性职业技术学院的农科类专业，实行卓越农业人才培养，目标指向应是复合应用型、实用技能型农业人才培养。一是分类培养实施办法。复合应用型农业人才培养重点遴选具有社会型、企业型人格特质的培养对象，并关注学习者是否有一定的创业意识和创业思路，是否具有较强的人际交流能力和人脉资源积累意识；实用技能型农业人才培养重点遴选具有现实型、传统型人格特质的培养对象，并关注学习者是否具有专注精神和良好的职业精神。二是连续培养的实施办法。职业技术学院的学生可以毕业后直接走上工作岗位参与职场历练，实用技能型农业人才培养对象可以在现实工作岗位得到更好的发展；也可以实行连续培养，主要针对复合应用型农业人才培养对象，通过"专升本"进入本科高校对接本科层次的复合应用型人才培养，再在本科高校对接专业型硕士层次的复合应用型人才培养。三是协同培养的实施办法。职业技术学院的协同培养具有很多成功经验，"订单式培养""2+1"培养模式改革等方面都有很多成功案例，关键在于协同培养过程中必须按照复合应用型农业人才和实用技能型农业人才的不同类别，坚持有所为有所不为，实现在分类培养基础上的定向发展。

（3）中职层次的卓越农业人才培养。中职层次的卓越农业人才培养，主要指各类中等职业技术学校、中等农业专业学校、农业广播电视学校以及社会力量办学的各种新型职业农民培育。在这里，分类培养可以体现为生产经营型、专业技能型、专业服务型的分类模式，连续培养是基于师徒制的跟踪指导。

第二节　拔尖创新型农业人才培养

一、纵向延伸型课程体系改革

（一）课程体系概述

专业课程体系由通识教育课（包括必修课和公共选修课）、学科专业基础课、专业主干课、专业选修课及实践教学环节构成。通识教育平台课程是向学生传授与未来工作有关的、自然和社会领域的、带有基本规律的知识和技能的课程，是对学生进行通识教育和素质教育的基本途径，主要包括思想政治教育、人文素质、外语、计算机基础、体育和大学科门类必修的基础课程等必修课程，还包括培养学生科学精神和人文素养的公共选修课程。学科专业基础平台课程是按学科门类或一级学科、相近相关专业打通的专业基础知识课程模块，它与公共基础课一起为学生构筑学习专业知识必须掌握的、宽厚的基础知识和技能。专业主干平台课程是提供与学生未来社会生活和职业有密切关系的知识、技能的课程，或为加深某专业方向或专业特色的专业课程组。它分为专业理论课、专业技术课、专业实验课三大类。专业选修平台课程是体现专业内涵和特色的课程，进一步扩充和强化学生专业相关知识和技能。实践教学环节是培养学生专业技能与创造能力的实践环节。

（1）课程与课程体系。狭义的课程是指列入教学计划的各门学科及其在教学计划中的地位和开设顺序的总和。广义的课程则是指学校教育中对达到教育目的发生作用的一切文化、经验和活动。广义的课程突破了以课堂、教材和教师为中心的界限，使学校教育活动可以在更广阔的范围内选择教学内容。

从不同的视角去认识课程，可将课程分为多种类型。按课程侧重点放在认识的主体上还是客体上来构建课程，可将课程分为学科课程和经验课程，学科课程把重点放在认识客体方面，重点在于传播文化遗产和客观知识；经验课程重点关注认识主体，即学习者的经验和自发需要。从分科型或综合型的观点来看，可以分为学科并列课程和核心课程，学科并列课程注重知识传播的系统性，以某一学科为中心而根据需要设置的关联课程[38]；而核心课程则以解决专业应用领域的实际问题为需求导向而构建的本专业领域的综合知识经验，辅之以边缘学科知识。从层次构成来看，可将课程分为通识教育课程、学科专业基础课程和专业主干课程。从选课形式上来看，可将课程分为必修课程、专业选修课程和公共选修课程[38]。根据课程课时数的多少将课程划分为大、中、小、微型课程。根据课程内容主要传授科学知识还是操作技能，可分为理论型课程和实践型课程。根据课程有无明确的计划和目的，可将课程划分为显性课程和隐性课程，后者是指利用相关学校组织、校园文化、社会过程和师生相互作用等方面给学生以价值上、规范上的陶冶和潜移默化的影响。

一个专业所设置的课程组合，构成了课程体系。实现专业培养目标，不是仅仅靠一门或几门课程所能奏效的，而是靠开设的所有课程间的协调和相互补充，因此，课程体系改革是人才培养改革的核心和关键。

（2）通识教育课程、学科专业基础课程、专业课程以及跨专业课程。

通识教育课程包括政治课、外语课、体育课、军训等，是任何专业的学生都需要学习的，虽然与专业没有直接关系，却是今后进一步学习的基础，也是全面培养人才所必需的课程。专业教育方面又分为学科专业基础课程和专业主干课程。学科专业基础课程是学习某一学科或某一专业的基础理论、基本知识和基本技能训练方面的课程，专业主干课程则带有较明显的职业倾向，是针对某一应用领域的专业知识、专业理论、专业技能培养。跨学科课程则是建立在其他课程学习基础之上的，以促进学生在高度专业化基础上的高度综合，使学生能够跨学科融会贯通。

（3）必修课程与选修课程。必修课程把本专业必须掌握的基本知识、基本理论、基本技能教给学生，是保证所培养人才的基本规格和质量的必需环节；选修课程比较迅速地把科学技术的新成就、新课题反映到教学中来，有利于扩大知识领域，活跃学术氛围。也可以把不同专业方向及侧重的课题内容提供给不同需要的学生作选修课程，以增加教学计划的灵活性，促进学生个性化发展。

（4）理论型课程与实践型课程。理论型课程是指以理论知识传授为主的课程，实践型课程则是以技能训练为主的操作性课程。各校课程设置中要克服两种倾向：一是轻视理论、轻视书本知识，过分地强调实践能力培养和动手操作；二是轻视基本技能和专业技能的训练，片面强调知识传播和理论基础。

（5）大、中、小、微型课程（课时结构）。在知识爆炸的当今世界，如何在海量知识中提取学习者必须掌握的知识、理论与技能，已成为教育界的重大难题。面对学生的学习时间有限的现实，课程小型化改革已成为一种重要策略，即在不增加总课时的前提下，压缩教学内容，削减教学时数，可相应地增加课程的门数。同时，教师应积极开发18课时（1学分）以下的微型课，及时将学科发展前沿的信息，也可以将教师自己的科研成果及时转变为教学内容。

（6）显性课程与隐性课程。教育界有关课程的研究主要专注于显性课程，对隐性课程的研究很少。事实上，学校的组织方式、校园文化、第二课堂活动、社会实践、假期活动、组织管理与人际关系等对于学生的态度与价值观的形成，具有强有力的、持续的影响。隐性课程贯穿于学校教育的整个过程，学生从学校的组织和制度中习得规范和生活态度，学校在无形中也完成了社会化训练、阶层结构维持等社会化职能。学校有固定的社会结构和错综复杂的人际关系，有其他社会机构所没有的典礼、仪式、校规和象征（校徽、校歌等），这一切都构成了学校教育所特有的校园文化，构建了学校教育的隐性课程体系，实现了对学生的环境感染与熏陶的定向性、有序性和高效性（图6-8）。

图6-8 基于文化层次论的校园文化建设策略

（二）拔尖创新型农业人才的课程体系改革

拔尖创新型农业人才培养应聚焦夯实科技创新功底，实现知识结构和能力体系的纵向延伸，必须加强课程体系改革和实践教学体系改革，构建以科技创新能力培养为主线的精深型课程体系。课程体系必须针对培养对象的知识结构和能力体系需求，根据专业领域特点和发展趋势，综合考虑学科发展动态、生产一线需求、专业人才培养目标和毕业生能力要求等方面的因素，通过集体讨论、专家论证等环节，最后形成可实施的专业人才培养方案。不同专业的课程体系差异是很大的，植物生产类专业与动物生产类专业的课程体系则明显是两个不同的方向。

以作物学专业人才培养为例，在制订专业人才培养方案时，必须构建"作物学＋生物学＋现代信息技术"精深型课程体系，针对作物栽培与耕作学、作物遗传育种、种子科学与工程 3 个二级学科，分别增开生物信息学、组学（包括基因组学、蛋白组学、代谢组学、表型组学等）、现代生物技术、作物信息学（数字农业、精准农业、智慧农业）等课程，实现按作物学二级学科科研能力训练为主线的专业知识、专业理论和专业技能的纵向延伸，构建精深型知识结构和能力体系（图6-9）。

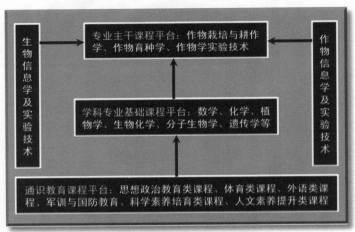

图6-9 农学专业拔尖创新型人才培养课程体系

二、实践教学体系改革

（一）贯穿全学程的实践教学体系建设

我们采用四年不断线的实践教学体系：第一学年安排作物生产实践，第二学年安排专业实践，形成了"作物生产实践—实验课—综合大实验—

课程教学实习—专业实践—生产实习—毕业实习"四年不断线的实践教学体系，强化学生对作物生产过程的认知和专业技能训练。

（1）实验教学。实验教学包括独立开设的实验课和与理论授课并行开设的实验技术训练，这是强化学习者对理论知识的理解，培养学生实践能力、科研技能和创新创业能力的重要环节。实践出真知、理论联系实际是任何学习者都必须遵循的普遍真理，实验教学是学校教育体系中必不可少的重要环节。高等学校的实验教学一般按照 2 学时或 4 学时进行设计，在专业人才培养方案中进行了统一设计和科学安排。

（2）教学实习。教学实习是针对某学科必须掌握的基本技能、专业技能、实践能力训练、综合技能训练等方面的需求，将相关教学内容和训练环节统筹起来，统一安排一段时间来进行综合训练，时间安排为 0.5 周、1 周或 2 周，一般在校内进行。

（3）生产实习。卓越农业人才培养必须面向农业生产第一线，生产实习是学生了解生产一线、培养生产技能、发现生产问题、提升专业技能的重要环节，一般安排在生产一线的家庭农场、农民专业合作社或现代农业企业实施，时间为 1~3 个月。

（4）毕业实习。毕业实习是指学生在毕业之前，即在学完全部课程之后到实习现场参与一定实际工作，通过综合运用全部专业知识及有关基础知识解决专业技术问题，获取独立工作能力，在思想上、业务上得到全面锻炼，并进一步掌握专业技术的实践教学形式。毕业实习是学生了解社会、融入社会、进入职场的准备阶段，它往往是与毕业设计（或毕业论文）相联系的一个准备性教学环节，即学生在毕业实习期间，综合运用所学知识和技能，完成毕业论文或毕业设计。

（二）湖南农业大学的"六边"综合实习改革

湖南农业大学从 1998 年开始实施"六边"综合实习改革，历经 20 年的发展和完善，构建了植物生产类专业的特色化实习模式。六边是指边生产、边科研、边推广、边上课、边调研、边学习做群众工作，整合了原有的专业主干课教学实习、生产实习和部分实验实习的内容，于本科阶段的第六学期即每年3~8月实施，保证植物生产类本科学生具有主要农作物一个生产季节的全程实习（图6-10）。其具体做法：①边生产。全程参加各类农事操作和田间管理，学习农机操作技术，掌握水稻、棉花、玉米、油菜等主要作物的高产栽培技术和杂交水稻、杂交玉米制种技术，熟悉水稻机耕、机插、机收技术和油菜机收技术，了解春、夏季主要蔬菜生产技术。②边科研。组织学生自主设计试验方案，组织实施田间试验，开展田间观察记载、测产与室内考种，独立分析试验结果，撰写试验总结，在此期间，专业教学团队组织作物学实验技能竞赛、作物学实践技能竞赛和作物学科研技能竞赛，全面提升学生的科技创新能力。③边推广。组织学生对附近的种植大户、家庭农场开展农业技术推广服务。④边上课。利用雨天和农闲时间，完成教学计划规定的课程学习，解决教学时间安排冲突问题，同时推行田间授课，开展讨论式教学和辩论式教学改革。⑤边调研。组织在实习基地附近的村组开展社会调查，使学生更好地了解农业、农村和农民，接触社会融入社会，并要求独立撰写调研报告。⑥边学习做群众工作。组织学生在实习基地附近面向农民群众宣传党的惠农政策，辅助农村基层干部开展农村事务管理工作，积累一定的农村基层群众工作经验。

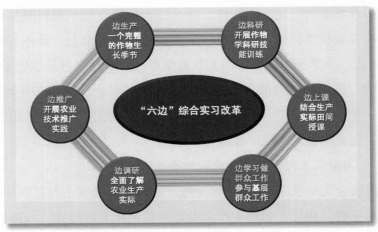

图6-10 湖南农业大学的"六边"综合实习改革

三、全程导师制改革

导师制起源于 14 世纪的牛津大学，现以牛津大学、剑桥大学的导师制最为著名[39]。导师制塑造了一种新型的师生关系和全新的教与学的关系，有利于学生自我管理能力的提高，有利于培养学生的创新能力和促进学生的全面发展。拔尖创新型农业人才培养实行全程导师制改革，可以按 2 个阶段实施，本科教育阶段实行全程导师制，研究生培养阶段实行"责任导师 + 团队指导"制度，对于实行"3+X"连续培养的学习者，其中本科教育阶段的导师与研究生培养阶段的责任导师应为同一名导师，充分体现全程导师制的有效指导和定向培育（图 6-11）。

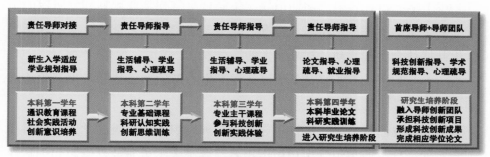

图 6-11　拔尖创新型农业人才培养的全程导师制

（一）责任导师全程贯通制

强调对学生进行多层次、全方位的指导，全学程固定导师与学生的关系。入学后，举行导师见面会，第一学期结束后，一名校内导师和一名创新团队或校外企业导师将由双向选择制确定，建立师生双向互动制度，导师在专业领域的指导是全程贯通式的，指导时间跨越整个学程，不仅包括课程选择、社会实践、参与导师的科研和毕业论文指导，还有对学生的思想、心理等方面进行指导，目标在于提升学生的综合素质，促进学生全面发展。

（二）导师职责多维协同制

导师与导师团队共同构建了多维培养体系的立体结构。通过借鉴及适应全程导师制本土化需求，可以在新生入校之初进入导师创新团队，全方位、多层次地全程指导与培养，实施个性化培养。根据卓越农业人才的成长规律，培养对象的个性特点和发展潜力，制订和实施个性化的人才培养计划。学生的教育由过去粗放式管理变为循循善诱式的引导。在多维协同创新管理体制下，学生的学术、科研、思想各有立足、多维发展，形成可持续发展的人才培养环境，使每位学生能够得到全面长足的发展。导师职责多维协同主要体现在以下六个方面。

（1）生活指导。导师在新生入学后向学生介绍大学学习和生活特点，加速新生的入学适应；全学程关注学生的心理动态和生活状态，及时了解学生的实际困难并给予指导。

（2）学习指导。第一学期指导学生制订全学程学业规划和分阶段的学习计划；全学程关注学生修业情况，指导学生提高学习能力；组织和指导学生开展社会实践活动，提高学生的综合素质。

（3）心理疏导。导师应全学程关注学生心理动态，帮助学生消除心理困惑，指导学生形成积极人格[40]。

（4）科技创新指导。本科生导师应合理组织不同年级的学生开展科技创新实践，导师应组织学生积极申报各级各类大学生研究性学习和创新性实验计划项目，安排学生提早进入实验室或跟随导师科研项目参加科研实践，激发学生的创新意识，培养学生的创新思维、创新意识和创新能力。

（5）学位论文指导。导师一般也是学生的学位论文指导教师，是学位论文质量的重要责任者。为了提高学位论文质量，导师应提早给学生安排选题，尽量将学生在低年级阶段参与的科技创新活动与学位论文结合起来，原则上本科生应有 2 年以上时间开展学位论文研究。

（6）就业创业指导。全学程注意引导学生形成正确的就业观。学生进入高年级阶段后，关注学生的就业动态并积极提供就业信息。对于有志创业的学生，导师应及时给予指导[41]。

（三）朋辈互助的学生团队

朋辈互助实质上是一种新型的同伴教育或团体辅导，与以教师为核心的团体辅导相比，朋辈互助具有交往较为频繁、空间距离接近、思维模式接近等特征，而且兼具互助与自助的双重功能[42]。团体辅导主要通过每学期定期多次的全体学生会议实施，在会议中，学生分别展示近期研究成果，相互探讨和交流问题不足之处加以改之。导师设立自己指导学生的 QQ 群或微信群，便于与学生的密切交流联系，在群中既可开展团体辅导也可进行个别辅导。在教学过程中，广泛开展讨论式教学与辩论式教学，有利于激发学生的主动学习的兴趣，通过讨论、辩论的方式，学生要考虑到每句话的逻辑性，完善思维的缜密性，在撰写论文时也会有更加深刻的认识与更高的质量。而在这样的教学方式中，也培养了学生的团队协作精神，在准备辩论时，小组团队要进行充足的准备，大家要通力合作才能有很好的成果。

（四）"责任导师 + 导师团队"精英式指导

导师团队的每位导师研究方向不同、研究背景不一、性格各有特点，使得学生能够吸收多位导师在科研、协作、做事等方面的优点，有助于人格的完善和创新思维、创新能力培养[43]。责任导师是学习者成长成才的第一责任人，导师团队成员则从不同角度、不同学科、不同途径指导学生，实现对学生的精英式培养。

四、教学方法与手段改革

（一）混合式教学改革

混合式教学是将在线教学和传统教学的优势结合起来的一种"线上" + "线下"的教学模式改革。通过两种教学组织形式的有机结合，可以把学习者的学习由浅到深地引向深度学习。

（1）线上有资源：资源的建设规格要能够实现对知识的讲解。线上资源建设就是指网络课程资源建设，对于非信息技术相关学科的教师来说是存在较大困难的，但是这种困难并非不可克服，关键在于对网络课程资源建设的投入和敬业精神。建设一门网络课程需要教师投入大量的时间、精力和心血，也需要一定的经费成本。线上资源是开展混合式教学的前提，必须通过线上学习完成基本知识传授，并为学生提供足够的课后学习资源（习题、图片、动画和其他视频素材），并且要求具有较高的观赏性和较强的视觉冲击，以较好地吸引学生的注意力，提高知识传授效果。以湖南农业大学建设的国家精品资源共享课《作物栽培学》为例（图 6-12），2007年开始纳入国家精品课程建设项目，2013 年开始建设网络课程资源，通过组织本课程教学团队的全体教师，组织教学设计、研究教学方案、拍摄教学视频、设计制作训练素材，才初步达到目标。网络课程资源建设是一个持续改进和不断提升的过程。

图 6-12　国家级精品资源共享课：《作物栽培学》

（2）线下有活动：活动要能够检验、巩固、转化线上知识的学习。通过在线学习让学生掌握基本知识，经过教师的查漏补缺、重点突破等备课工作之后，再组织学生线下辅导答疑等课堂教学活动，把在线上所学到的基础知识进行巩固与灵活应用。

（3）过程有评估：线上和线下的过程与结果都需要开展评估。无论是线上学习还是线下讨论，都要进行过程监测和评估反馈，让教学活动更具针对性，让学生学得明明白白，也让教师教得明明白白。

（二）研究性学习与探索性学习

在研究性学习方面，湖南农业大学鼓励学生申报国家级大学生创新创业计划项目、湖南省大学生研究性学习与创新性实验计划项目、湖南农业大学创新性实验计划项目和南方粮油作物协同创新中心增设大学生研究性学习项目，实现研究性学习项目全覆盖，通过强化任务驱动式学习。在专业课教学过程中，我们鼓励教师引导学生开展探索性学习，先由任课教师或导师提出科学问题，让学生广泛查阅文献，根据科学问题提出科学假设，再由学生自主设计试验或开展调查研究以检验假设是否正确，最后根据检验情况提出解决方案或实施策略。为了提高学生的自主学习能力，提升自主学习效果，我们探索了朋辈互助的学习团队制度，即按导师或导师团队的学生群体组建团队，团队成员包括不同年级的研究生和本科生，多层级的学习者群体构建一个有机的学习团队，形成多途径的朋辈互助学习机制：一是实行学术交流例会制，每周固定某个时间召开学术交流会议，形成导师全程参与指导的学术交流例会制，团队成员分享自主学习成果，构建开放性的学习交流平台；二是层级化协助指导制，一个学习团队内部的博士研究生、硕士研究生和不同年级的本科生，可以形成高层次对低层次或高年级对低年级的层级化指导或辅导；三是朋辈互助常态化，无论是学习活动、科技创新活动还是生活交流或心理互助，都可以依托学习团队的朋辈互助机制，实现成长过程的朋辈互助常态化、朋辈交流经常化、朋辈合作无缝化。

（三）讨论式教学与辩论式教学

以网络课程资源为基础，依托现代教育技术开展混合式教学改革，实现专业主干课讨论式教学或辩论式教学改革全覆盖，全面提升学生的自主学习能力和思辨能力。实际操作中，讨论式教学一般提前3周布置主题，让学生查阅文献做好充分的知识准备，实施时按每组6~10人开展讨论。辩论式教学也是提前3周布置主题，学生查阅文献做好知识准备，实施时按每组3~5人组队辩论。

第三节　复合应用型农业人才培养

一、横向拓展型课程体系改革

（一）课程教学的一般原则

教学原则是人类在长期的教学活动中所积累的丰富的教学实践经验的总结，并在教育教学实践中不断改进、丰富和完善。

（1）科学性与思想性相统一的原则。要在教学中实现科学性与思想性的统一，要求教师在传授科学知识和方法的同时，传播科学的思想和价值观念。教师应做到：①不断钻研业务，努力提高自己的学术水平。②努力提高自己的思想水平。③充分认识到自己的一言一行对学生的潜移默化作用。

（2）传授知识与培养能力相统一的原则。能力是在知识融会贯通的基础上形成的，知识是激活思维和开发心智的条件与载体。知识积累的最终目的是形成解决生产实践中的实际问题的能力。要做到知识积累与促进能力发展两方面的相互促进，教师应注意以下几个方面：①充分调动学习者的认识能力，使学生的注意力、观察力、想象力等都处于积极的状态。②充分挖掘知识的智力因素，以培养学生的创造性思维。③经常组织学生在自学的基础上展开讨论，促进学生独立获取知识能力发展。④改革考核考试方法，重点考核考查学生独立分析问题和解决问题的能力。

（3）坚持教师主导作用与学生主动性相结合的原则。教师的主导作用是使教学过程有序化的保证，学生主动探索是学习取得成功的基本条件，两者缺一不可。①充分了解学生的学习情况，积极引导学生改进学习方法，提高学习效果。②善于提出问题，启发学生积极思考。③激励学生学习的自觉性和积极性，激发他们的事业心和进取心。

（4）面向全体与因材施教相结合的原则。因材施教要求教师能够按照学生的心理特点和实际的发展水平，对不同的学生采取不同的方法和要求进行教学；面向全体则是要求充分考虑大多数学生的实际水平，在教学实践中坚持按照教学大纲的要求进行教学。这一原则要求教师在教学中要做到以下几个方面：①在课程体系中要提供更多的选修课程，让学生选择，发挥各自的专长；在学科和专业方向等方面给学生提供充分施展才能的机会。②坚持按照教学大纲的要求和大多数学生的实际水平进行教学。③了解不同学生的特点，通过各种途径有针对性地帮助学生找到恰当的学习方法，促进学生形成个性化能力体系。④利用选修课程，开拓学生视野，提供个性化发展途径。⑤帮助学习上暂时有困难的学生，注意加强有针对性的个别辅导。

（5）理论与实践相结合的原则。这一原则要求教师引导学生充分认识实践是人们获得真理的重要来源，是检验真理的唯一标准，促使他们善于在理论与实践的联系中理解和掌握知识，积极地利用所获得的知识去解决实际问题。理论与实践相结合的原则要求教师做到：①充分认识实践性教学环节在人才培养中的重要地位，根据不同学科的特点，通过学习、实验、实习等教学环节适当安排学生参加必要的实践活动。②注意把各种实践性的教学活动与理论教学紧密地结合起来，使实践性教学环节成为运用和检验理论学习，加深理论知识理解的重要途径和有效方法，不断提升人才培养质量。

（二）复合应用型人才培养的课程体系改革

复合应用型农业人才必须具有广博的知识结构[44]：①本科阶段的双学士教育培养模式。湖南农业大学面向农村区域发展专业的春耘现代农业实验班，毕业时可授予管理学学士学位，为了横向拓展复合应用型人才的知识结构和职业能力，开展农学辅修学位教育培养，实施"管理学＋农学"双学士教育培养模式改革；安排学生到国家级科研机构访学拓展视野，构建广博型知识结构（图6–13）。②硕士阶段的跨学科教育培养模式。对于硕士层次的高素质复合应用型人才培养，遴选培养对象时按照"管理学—农学""农学—管理学""农学—工学"跨学科对接专业硕士培养，实现本科阶段与硕士研究生阶段的跨学科错位对接培养，强化知识结构和能力体系的横向拓展。

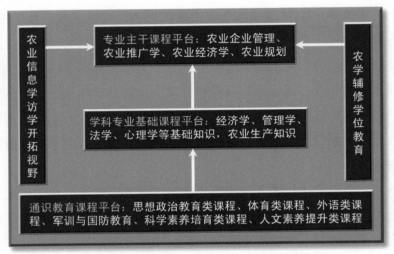

图6-13　农村区域发展专业复合应用型人才培养课程体系

二、实践教学体系改革

复合应用型农业人才培养的实践教学体系改革，必须构建覆盖全学程的实践活动。

（一）农业农村认知实践

（1）教学目标：复合应用型农业人才必须主动适应现代农业发展需求，全面了解农村、农业、农民，通过专业认知实践，深入农村、接触农民、了解农业，形成较全面的感性认识，进而上升到理性认识，拓展知识面，奠定专业基础。

（2）实施途径：专业认知实践的实施，可组织针对性的教学实习，更重要的是学生必须高度重视平时积累，注意观察、分析、思考、判断。为此，平时必须多深入农村，可依托暑期社会调查、"三下乡"活动、教学实习、综合实习等环节，广泛走访、用心观察、认真分析，逐步提升对农业、农村、农民的深入认知和理性认知。

（3）主要内容：农业生物认知（农业植物、农业动物、农业微生物）、农业生产设备设施认知（水利设施、高标准农田建设、农业机械等）、农业经营环境认知（自然环境、经济环境、社会环境、技术环境）、农业文化认知（农业品牌文化资源、农业物质文化遗产、农业非物质文化遗产）等。

（二）农业技术操作实践

（1）教学目标：培养懂生产、会经营、善管理、能发展的复合应用型农业人才，必须熟悉农业生产过程和环节，必须参加一定的农业生产实践活动，掌握主要农作物种植技术、畜禽养殖技术、水产养殖技术和农副产品加工技术，夯实专业基础。

（2）实施途径：农业技术操作实践的实施，主要通过专业综合实践、"六边"综合实习来完成水稻、油菜、玉米、蔬菜等种植技术操作实践，通过参观现代化养殖场和农产品加工企业了解养殖业和加工企业的生产流程和环节，形成对农业生产过程的全面了解。

（3）主要内容：现代种植技术实践、现代养殖技术实践、农产品加工技术实践、农业环境治理技术实践。

（三）农业经营管理实践

（1）教学目标：复合应用型卓越农业人才培养必须高度重视农业经营管理实践，通过多途径的农业经营管理实践积累，了解各类农业经营主体的经营理念、决策过程、管理模式和管理策略，从而达到"会经营、善管理、能发展"的状态。

（2）实施途径：农业经营管理实践是一个复杂的系统工程，个人经历、观察、分析、思考、判断是提升管理能力的基本途径，因此必须重视知识获取、信息收集、理念提升、感受和体验等过程积累。本专业所安排的各类参观考察、教学实习、"六边"综合实习以及现代农业企业综合实习等实践教学环节，都是定向培养农业经营管理能力的重要途径。

（3）主要内容：农业经营主体（家庭农场、农民专业合作社、现代农业企业）、农业经营决策、农业资源管理、农业生产管理、产品营销管理、农业企业综合管理。

（四）农村基层工作实践

（1）教学目标：复合应用型卓越农业人才的职业发展方向可能是从事农业行政管理、农业企业管理或农业科技服务等，不管从事哪一方面的工作，都必须了解农村基层的实际情况，学习农村基层工作基本方法，掌握农民和农业生产单位的实际需求，脚踏实地服务"三农"。

（2）实施途径：农村基层工作实践主要依靠分阶段顶岗实习来实施，即在大学四年级期间，深入乡镇、村组和农户进行分阶段的顶岗实习，有效积累农村基层工作经验。当然，在此之前利用寒暑假或节假日时间开展有关"三农"的社会实践活动，也是积累农村基层工作经验的重要途径。

（3）主要内容：农业基层工作常识（组织机构、工作对象、方法论基础）、农村基层行政事务工作、农村土地管理、农村人口管理、农村社会保障事务、大学生村官实践。

（五）农村社会调查实践

（1）教学目标：调查研究方法是重要的科学研究方法，同时也是重要的农村基层工作实践方法。没有调查就没有发言权，没有调查就不可能准确把握农村基层实际情况，没有调查就不可能发现问题、解决问题。因此，农村社会调查实践是复合应用型农业人才培养的最重要的实践环节。

（2）实施途径：农村社会调查具有广泛的内涵和多样化的实施途径，可依托课程教学实习、寒暑假社会调查、自发组织的社会实践活动来实施，也可以在"六边"综合实习、农业企业综合实习期间进行。

（3）主要内容：农业生产情况调查（包括农作物产量调查、作物生产成本／效益调查、畜禽养殖成本／效益调查、水产养殖成本／效益调查、林业生产成本／效益调查等）、农民生活状况调研（农村家庭收入调研、农村家庭支出调研、农村社会保障体系调研等）、特殊人群调研（留守儿童、空巢老人、失依儿童、"五保"户调研等）。

三、双导师制改革

复合应用型农业人才培养实行双导师制，目的是强化学生与社会和生产一线的联系，为学生了解社会、接触社会、融入社会和融入行业产业提供条件。双导师制的校内导师同样实行全程导师制，校外导师则根据不同学习阶段由校内导师联系相关领域的行业专家、企业家、农业企业的相关管理人员或技术人员担任。实践证明，双导师制的校内导师可以实行全程一贯制，但校外导师必须灵活安排，可以由校内导师联系或专业教学团队统一安排。湖南农业大学的实践模式如下：本科阶段的校内导师四年一贯制，本科—硕士连续培养的同样实行校内导师全程一贯制，以保证培养过程的连续性和高效性。校外导师则由校内导师联系或专业教学团队统一安排，充分发挥校外导师的个人优势开展多样化指导，本科阶段第一学年聘请行业专家开展专题讲座，使学生了解行业发展动态，第二学年聘请知名农业企业家开展专题讲座，激发学生的创新创业意识和创新创业思维，第三、四学年聘请相对固定的企业导师指导，第四学年在企业导师指导下开展分阶段顶岗实习，对于实行本科—硕士连续培养的学习者，硕士研究生培养阶段按岗位性质安排高水平企业导师进行指导（图6-14）。

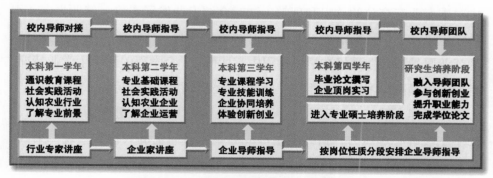

图6-14 复合应用型人才培养的双导师制

（一）构建高水平的导师团队

在师资配备上，保证专业教师团队的生师比 10∶1，构建 4∶1 的校内导师队伍，导师每个年级指导的学生人数规定上限不超过 3 人。双导师制的校内导师是核心，承担学生全学程的新生入学适应、生活指导、心理疏导、学业指导、论文指导、就业创业指导等职能，同时还要负责校外企业导师的联系、沟通与协调。

（二）全面落实因材施教

因材施教是根据学生的实际学习情况、个性特征和现实需求去引导学生，将学生视为独特个体，不同学生采取不同教学方法进行教导。人类教育从师徒制发展到班级授课制，有效地提高了教育效率，但同时也弱化了因材施教。导师制是在班级授课制背景下的师徒制补充机制，在共性课程和共性教学环节实行班级授课提高教育效率的前提下，导师针对学生不同的个性特点、学习进程、成长困惑等，为全面培养卓越农业人才提供全面指导。

（三）导师职责明确化

第一，生活指导。从高中紧迫的学习氛围过渡到大学较为自由的学习氛围中，学生难免产生一系列不适应，导师在新生入学时应给予及时的疏解开导，帮助学生适应新的环境。第二，学习指导。指导学生制定全学程学业规划和分阶段的学习计划；导师向学生详细介绍专业课程体系，让学生对本专业有充分的认识和理解，同时介绍专业发展态势、就业方向，引导学生关注本学科前沿发展状况、开阔学生视野，便于学生能够根据自己的就业愿景和兴趣爱好在学习过程中有所侧重。全学程关注学生学业情况，指导学生提高学习能力；组织、指导学生开展社会实践活动，促进自主学习能力培养。第三，心理疏导。全学程关注学生的心理健康动态，及时帮助学生缓解心理压力，指导学生形成健康积极向上的人格和三观。第四，创新创业指导。导师组织学生开展科技创新实践，积极申报各个创新性实验计划项目，安排学生提早进入实验室或跟随导师科研项目参加科研实践，激发学生的科研热情[45]。

四、人才培养过程改革

（一）小班化教学改革

关于小班化，教育界还没有一个确切的概念，从教学组织的形式看，是指一个教学班学生数量较少。这里体现了教育效率与教育效果之间的博弈：大班化具有更高的效率，但效果肯定要差些。卓越农业人才培养实行小班化教学，教学班授课人数控制在 15~30 人，增加学生与教师的互动频度。

从小班化教学的内涵看，其最本质的特征是教育教学活动面向数量较少的学生个体，可以更有效地照顾到教学班的每个学生，贯彻因材施教原则。小班化教学是在学生数量控制在 30 人以下的教学班中面向学生个体，围绕学生发展而开展的教学活动。小班化教学活动会发生如下变化：一是教学活动在时间、空间上会得到重组，教师对个体情况可以得到有效响应。二是教学活动双方（教师与学生）的活动密度、强度、效度等以及师生间互动关系会得到增强和增加。三是教学的内容、方式、技术、评价会发生全新变化，并促进或推动教育理念的进步。

（二）国际化教学改革

复合应用型农业人才必须通过国际化教学改革来开拓学生的国际化视野。一是通过与国外知名高校交流培养、聘请海外专家授课和担任研究生导师团队成员，让学习者有更多的机会与国外专家交流学习。二是选派学生到"一带一路"相关国家或农业发达国家进行农业考察、暑期实习、交流学习等，拓展学生国际化视野，提高学生国际交流能力，强化国际化培养。

（三）教学手段改革

混合式教学改革、讨论式教学与辩论式教学，都是激活学生思维，提高人才培养质量的重要手段。学生的学习时间总量有限，不管怎么改革，基本知识还是需要传授的，现代教育技术发展为知识传授提供了全新手段，微课、私播课、慕课等的呈现效果和运行规范不断改进，技术层面也不断成熟，使依托网络课程传授知识达到了课堂教学无法比拟的状态：5~15分钟的知识点介绍，时间设计考虑了人类的注意力集中时限，人机交互虚拟教师与学生直接交流，素材库为学生自学提供了广阔空间，实时字幕克服了教师的表达缺陷（笔者普通话水平极低，字幕帮了大忙）。目前，国家高度重视推进现代农业建设，大家都在谈论物联网、大数据、云计算、遥感监测、数字农业、精准农业、智慧农业等新名词，但真正理解的人不多，为此，笔者近期开发了《"互联网+"现代农业》在线开放课程，为复合应用型人才培养做出了一点具体贡献（图 6-15）。

图 6-15 在线开放课程：《"互联网+"现代农业》

第四节 实用技能型农业人才培养

一、层级进阶型课程体系改革思路

学习进阶理论提出了教育界改革的一个全新方向，但一方面对知识的界定难以定量化，导致层级化学习目标局限于概念层面；另一方面，对学习者在知识、技术、能力等方面的学习或训练效果也很难定量化界定，60分及格是教育界的一个传统概念，但考试成绩为60分是否就意味着学生掌握了60%，笔者认为值得商榷。掌握60%就是教育教学活动的目标？当然，在没有更好的度量方法的前提下，还是要有方法度量教学效果的，虽然教育界早就发现了"高分低能"问题，但考试仍不失为一种可行的通用性度量办法。

笔者早年在中等专业学校任教，受到体育教练训练运动员的启发，尝试过技能训练过关制改革，即本专业学生必须掌握的主要专业技能，必须过关并达到一定的熟练程度，低层级的技能训练过关以后才准许进入高层级技能训练环节，这可以理解为技能训练方面的"层级进阶"。例如，兽医专业的学生，必须经历动物解剖、病原物镜检、动物保定、动物给药、疾病诊断、手术治疗、药物治疗等训练过程，试想一下，解剖技术不过关怎么做手术，没做过小手术怎么做中、大型手术，保定技术不过关在手术过程中动物乱踢乱动怎么做手术。同样，病原物镜检技术不过关，不可能按"望闻问切"的中医思维给动物号脉确诊，给药技术不当药物治疗效果可能大打折扣。因此，实用技能型农业人才培养中的技能训练领域是可以试行"层级进阶"式训练的，由此而联想，职业教育领域明确了基本知识"必需、够用"，重点培养学生的专业技能和实践技能，课程体系建设是否可以实行层级进阶型课程体系改革，在此仅提出建议，具体办法有待职业教育领域的同仁们进行深入探索。

二、师徒制改革思考

国外的农业职业教育领域已有师徒制经验模式，完成在校学习任务以后，学习者以徒弟的身份进入某个农业企业师承某人进行一段时间的实地学习，可以从不同角度、不同领域实现师徒传承，这种师徒传承包括技能、技巧、职业精神等方面的内涵。湖南澧县职业中专学校开展了这方面的探索：面向种养大户、家庭农场、农民专业合作社的负责人子弟招收"农二代"学生，在校学习期间指定一名教师担任学生的导师或师傅，这位教师不定期到学生家长经营的家庭农场、合作社或企业调查研究，全面把握经营主体发展动态，同时指导学生进行针对性技能训练，为"农二代"接班奠定基础。目前，职业教育领域的师徒制还处于思考阶段，可以进一步规范：学生在校学习期间依托师徒传承学习技术、技能，毕业后返乡创业依托师傅的跟踪指导，若干年后必然超越师傅，成为能够为社会做贡献的实用技能型农业人才。

参考文献

[1] 路宝利 , 赵友 , 盛子强 , 等 . 劝农：中国古代社会农业教育评析 [J]. 河北科技师范学院学报 , 2014,14(4):74–78

[2] 包平 . 二十世纪中国农业教育变迁研究 [M]. 北京：中国三峡出版社 , 2007

[3] 顾明远 . 论苏联教育理论对中国教育的影响 [J]. 北京师范大学学报：社会科学版 , 2004(1):5–13

[4] 高志强 . 卓越农业人才培养的运行机制：以湖南农业大学为例 [J]. 农业工程 , 2014,4(5): 90–92

[5] 高志强 , 周清明 , 丁彦 . 乡村行政管理与村民自治 [M]. 长沙：湖南科学技术出版社 , 2015

[6] 廖彬羽 , 高志强 . 卓越农业人才培养的动力学机制 [J]. 农业工程 , 2016,6(6):125–127

[7] 高志强 . 农村留守儿童教育补偿机制研究 [J]. 湖南农业大学学报：社会科学版 , 2013, 14(1): 94–97

[8] 高志强 , 朱翠英 , 卢妹香 . 农村留守儿童关爱服务体系建设——基于湖南省的实证研究 [J]. 长沙：湖南科学技术出版社 , 2013

[9] 高志强 , 高倩文 . 休闲农业的产业特征及其演化过程研究 [J]. 农业经济 ,2012(8):82–83

[10] 黄梅 , 吴国蔚 . 人才生态链的形成机理及对人才结构优化的作用研究 [J]. 科技管理研究 , 2008(11): 189–190

[11] 高志强 , 郭丽君 . 学校生态学引论 [M]. 北京：经济管理出版社 ,2015

[12] 谭黎明 , 高志强 . 民办高等教育成本分担机制研 [J]. 湖南师范大学教育科

学学报,2015,14(1):120–123

[13] 高志强,赵光年.构建合理的知识结构优化学分制基本框架[J].当代教育论坛,2009(7):19–20

[14] 梁先明,高志强.家庭农场制度:农村经济体制改革发展的方向[J].作物研究,2015,29(1):59–62

[15] 高志强,兰勇.家庭农场经营与管理[M].长沙:湖南科学技术出版社,2017

[16] 高志强.中国特色家庭农场制度框架:基于湖南省"十县百村千户"调查的思考[J].农业工程,2014,4(4):169–172

[17] 刘浩,高志强.多元主体协同的农业科技服务体系建设[J].农业工程,2017,17(1):146–149

[18] 高志强,周清明.弹性学分制的理论探讨[J].中国教育发展研究,2009,6(7):3–4

[19] 谢华丽,高志强.借鉴国外经验培养卓越农业人才[J].农业工程,2015,5(5):108–110

[20] 邓菲,高志强.农业接二连三的时代语境解析[J].作物研究,2015,29(4):431–434

[21] 邹冬生,高志强.当代生态学概论[M].北京:中国农业出版社,2013

[22] 高志强,卢俊玮.粮油作物生产经营智能监测[M].长沙:湖南科学技术出版社,2017

[23] 高志强.计算机排版与录入技术[M].北京:中国财政经济出版社,2007

[24] 高志强,许春英,黄拥军.独立学院办学能量积累策略研究[J].湖南农业大学学报:社会科学版,2009,10(4):60–63

[25] 付在汉,朱翠英,高志强.学习的耗散结构[J].理工高教研究,2009(3):15–18

[26] 高志强.论毛泽东教育思想的全面发展观[J].湖南社会科学,2009(4):156–159

[27] 朱翠英，高志强 . 心理素质形塑论 [J]. 大学教育科学，2013（5）：1–4

[28] 曹十芙，高志强 . 独立学院教学管理探索 [M]. 长沙：国防科技大学出版社 ,2014

[29] 周清明，郭丽君，高志强 . 创新型地方高校发展研究 [M]. 北京：经济管理出版社 ,2013

[30] 谭黎明，高志强 . 民办高校的研究与实践 [M]. 长沙：湖南科学技术出版社 ,2014

[31] 高志强 . 大学生职业发展与就业指导 [M]. 北京：中国农业出版社 ,2008

[32] 韩高军 . 三螺旋理论视角下的创业型大学 [J]. 教育学术月刊 ,2010(6):41–43,111

[33] 邹冬生，高志强 . 生态学概论 [M]. 长沙：湖南科学技术出版社 ,2007

[34] 高志强 . 农业生态与环境保护 [M]. 北京：中国农业出版社 ,2011

[35] 高志强，朱翠英 . 独立学院大学发生学时序特征与办学能量积累 [J]. 求索 ,2009(8):157–158,65

[36] 孙志良，高志强，邹锐标，等 . 卓越农林人才协同培养机制探索：以湖南农业大学为例 [J]. 高等农业教育 ,2017(1):43–45

[37] 高志强 . 创新独立学院人才培养模式的思考与实践 [J]. 中外教育研究 ,2009(8):15–17

[38] 高志强，阳会兵 . 学分制下独立学院选课存在的问题及对策 [J]. 首都教育学报 ,2009(6):8–10

[39] 许春英，高志强 . 基于大类招生培养模式的人才培养方案优化设计 [J]. 当代教育论坛 ,2010(11): 59–60

[40] 朱翠英，屈正良，高志强 . 现代心理学导论 [M]. 长沙：湖南科学技术出版社 ,2005

[41] 高志强，许春英，黄拥军 . 大学生就业的职业障碍因素及对策 [J]. 湖南农业大学学报：社会科学版 ,2008,9(4):4–5,14

[42] 程肇基 . 朋辈互助：学校育人范式转换的一种新方式 [J]. 高教探

索 ,2015(03):27-30

[43] 吴宜灿 . 基于团队多维协同的创新型人才培养实践与思考 [J]. 研究生教育研究 ,2017(02):35-39

[44] 高志强 . 农村社会实践指导 [M]. 长沙 : 湖南科学技术出版社 ,2016

[45] 朱翠英 , 高志强 , 凌宇 . 心理咨询理论与实务 [M]. 长沙 : 湖南科学技术出版社 ,2007